周云炜◎著

祝酒词

一本全

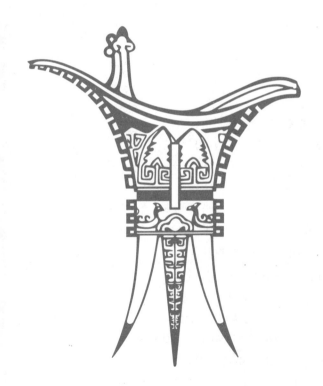

广东旅游出版社
GUANGDONG TRAVEL & TOURISM PRESS
悦读书·悦旅行·悦享人生

中国·广州

图书在版编目（CIP）数据

祝酒词一本全 / 周云炜著. -- 广州：广东旅游出
版社，2024. 12. -- ISBN 978-7-5570-3458-0

Ⅰ. TS971.22

中国国家版本馆CIP数据核字第20245D3F56号

出 版 人：刘志松
责任编辑：张晶晶　梁斯棋
责任校对：李瑞苑
责任技编：冼志良

祝酒词一本全
ZHUJIUCI YIBENQUAN

广东旅游出版社出版发行

（广州市荔湾区沙面北街71号首层、二层　邮编：510130）

电话：020-87347732（总编室）

020-87348887（销售热线）

投稿邮箱：2026542779@qq.com

印刷：天宇万达印刷有限公司

（河北省衡水市故城县金宝大道侧中兴路）

670毫米×950毫米　16开　11印张　120千字

2024年12月第1版　2024年12月第1次印刷

定价：49.80元

前言

古语有云："无酒不成席"。酒，在中华民族的史册上，历经几千年的风尘岁月，直到今天，演绎成了人们喜庆寿诞、婚宴、节日宴、商务宴等场合中不可或缺的礼仪之需。酒宴不但能联系感情、促进交情，还能化解第一次见面的尴尬。而既具有社交功能，又能联络感情、表达意愿的祝酒词，可以巧妙地将社会关系、人际规则、美好祝愿、亲情友情融入其中。

舒心的酒，千杯不醉，知心的话，万言不赘。主人致祝酒词表示对来宾的欢迎；客人致祝酒词表示对主人的感谢。

高朋满座，一席洋溢热情的祝酒词，不但能为热烈欢乐的气氛助兴添彩，还能显示出说话人的水平。无论是生日宴、婚宴还是家宴，一句深情并茂的祝酒词，都能畅快地表达内心情感，加深与亲友之间的情谊。而在职场聚餐、商务酒会或节日聚会上，几句恰到好处的祝酒词，更能展现个人风采，促进合作关系的深化，加深彼此的情谊……

佳酿醇、酒宴香，也需要祝酒词来增加情调。遥想古人，李白"烹羊宰牛且为乐，会须一饮三百杯"的豪情；王维送别友人时"劝君更尽一杯酒，西出阳关无故人"的依依不舍；白居易邀友人共饮新酿时"晚来天欲雪，能饮一杯无？"的情致；陆游"莫笑农家腊酒浑，丰年留客足鸡豚"的热情待客之道……这些古人的诗词，无不向我们展示着中国酒文化的博大精深，而祝酒词的流传，更是成为了我们传承酒文化的重要方式。

祝酒词说得好，能消除隔阂，化干戈为玉帛；能促成生意场上的合作，带来滚滚财源；能展现一个人的才情与魅力，为事业的成功赢得无数机遇。

一篇优秀的祝酒词，或声情并茂，感人肺腑；或幽默风趣，妙趣横生；或慷慨激昂，壮志凌云；或庄重典雅，发人深思；或言词优美，令人沉醉。也只有在这样的祝酒词的烘托下，酒宴才能真正成为交际的枢纽、友谊的桥梁、商战的法宝、外交的平台，才能在推杯换盏之间喝出交情、增进友情、促成美事、拓展人脉。

本书提供了大量祝酒词范文，并在范文前附以各类祝酒词的构成内容，方便读者理解祝酒词的创作逻辑，从而更有效、快速地将其应用到实际场景当中。同时，范文后添加了针对不同人物身份的妙语佳句，可方便读者直接拿来使用。

本书极具实用性，其中所选祝酒词风格多样，不拘一格，能满足不同身份、不同习惯的人的使用需求。相信这本书能让您在参加宴会的时候从容应对，在谈笑间打通人脉。

目录

第八章 节日酒——举杯同庆，恭贺佳节

附录 酒韵传情，辞章永耀

第一章

生日酒——吉辰共饮，福寿同欢

宝宝周岁生日
——感谢上天把你赐给了我们

场景再现

　　在宝宝的周岁生日宴上，作为父母的你们该如何说，既能巧妙地营造出温馨欢乐的氛围，又能让在场的亲朋好友深刻感受到宝宝成长的喜悦与幸福呢？

身临其境

宝宝爸爸：

　　今晚，亲爱的家人和朋友们欢聚一堂，共同庆祝可爱的小宝贝×××的周岁生日宴。在这个充满喜悦与爱的时刻，让我们为×××的健康与快乐干杯！愿这一年里，他/她的笑容更加灿烂，每一天都充满阳光和欢笑。愿他/她的身体像小树苗一样苗壮成长，抵御风雨，迎接每一个黎明的到来。

宝宝妈妈：

　　我们也为×××的勇敢与好奇干杯！愿他/她在未来的日子里，勇敢地迈出每一步，探索未知的世界，用好奇的眼睛去发现生活中的美好与奇迹。

酒桌宝典

宝宝周岁生日祝酒词需包含的要点：

① 对前来参加宴会的亲朋好友表示感谢。

② 对长辈的付出表示感恩。

③ 对宝宝的祝福和希望。

④ 对另一半的付出表示感谢。

⑤ 对在场来宾表达真挚的祝福。

妙语佳句

（1）虽然照顾宝宝的过程中有些辛苦，但更多的是享受宝宝带给我们家庭的温馨和快乐。每当他伸出小手渴望我的拥抱，伴随着他咿呀学语中模糊的"爸爸"字眼，一股深深的幸福感便如电流般瞬间涌遍我的全身。

（2）老婆／老公，你辛苦了！感谢你为家庭的付出和坚持，在过去的一年里，是你让我认识到，你就是家里的精神支柱，是宝宝健康成长的前提，是我坚强的后盾。我爱你，让我们一起继续为宝宝创造一个更美好的未来！

（3）宝宝的到来，给我们夫妻增添了太多欢乐。在这里，我想对宝宝说：宝宝，今天，刚满一周岁的你如同一只羽翼尚未丰满的雏鸟；明天，你要尽力成长为一只可以展翅翱翔于高空的雄鹰，勇于追求自己的梦想！

妻子生日

——因为有你，人间有趣

场景再现

在妻子的生日宴上，作为她生命中最重要的伴侣，丈夫如何致词，既能温馨、欢乐地传达喜悦与幸福，又能让在座的亲朋好友共同沉浸在这份爱河中呢？

身临其境

丈夫：

琴瑟和鸣声声脆，岁月静好共婵娟。笔墨飞扬字字香，时光荏苒同安康。亲爱的老婆，今天，我想对你说：感谢你，用无尽的温柔和理解，构建了我们这个小家的温馨与和谐。你的每一份付出，我都看在眼里，暖在心里。未来的日子里，无论是风雨还是晴天，我都将牵着你的手，一起走过，不离不弃。

现在，我举起这杯酒，不仅是为了庆祝你的生日，更是为了庆祝我们共同拥有的每一个明天。愿这杯酒，能够承载我所有的爱与祝福，带给你无尽的喜悦与幸福。

 **酒桌宝典**

妻子生日祝酒词需包含的要点：

①对前来参加妻子生日宴的亲朋好友表示感谢。

②回首一起走过的日子。

③对妻子的付出表示感恩。

④送给妻子浪漫祝福。

⑤对在场来宾表达真挚的祝福。

 **妙语佳句**

（1）星河灿烂照佳人，岁岁芳华映日新。回望我们一起走过的日子，每一个瞬间都充满了爱与温暖。你的笑容，是我疲惫时的慰藉；你的鼓励，是我前行时的动力。你不仅是我的伴侣，更是我生命中的导师和挚友。你的付出与牺牲，我都铭记在心，感激不尽。

（2）亲爱的，在这星光璀璨的夜晚，你是我心中最亮的星。你的存在，让我的世界变得更加美好。愿你的生日充满无尽的喜悦与幸福，愿你的每一个明天都比今天更加灿烂。这杯酒，是我对你深深的爱意与祝福，愿它带给你甜蜜与温馨。

丈夫生日
——愿所有美好都如期而至

场景再现

在丈夫的生日宴会上，作为他最亲密的伴侣，妻子应该如何致词，才能让亲朋好友共同见证并感受这份深厚的爱意呢？

身临其境

妻子：

红烛映双喜，岁岁今朝共欢颜。金樽酌美酒，年年此刻同庆欢。遇见你是我这辈子最大的幸运。你的出现，让我的世界变得更加丰富多彩，每一个平凡的日子都因你而变得温馨有味，就像家常便饭中那一味不经意间加入的调料，简单却能让整个生活都变得更加鲜美可口。你的存在，就像是最贴心的陪伴，让每一个瞬间都充满了安心与满足。

在未来的日子里，无论是顺境还是逆境，我都将与你携手同行，不离不弃。

让我们共同举杯，为今天的寿星——我的爱人，干杯！祝福你一切顺利，身体健康，事业有成，永远年轻！愿我们的感情像这美酒一样，越陈越香，越久越浓！

丈夫生日祝酒词需包含的要点:

①对前来参加丈夫生日宴的亲朋好友表示感谢。

②感恩生命中有你。

③回忆过往的温馨时刻。

④赞赏丈夫成就高。

⑤给丈夫送上最深情的祝福。

（1）回望我们携手走过的岁月，每一个瞬间都镌刻着爱与陪伴的印记。你，用坚实的臂膀为我撑起一片天，用无尽的温柔与智慧，让我们的家充满了欢笑与温馨。

（2）岁月悠悠，回望过去，我深感幸运能与×××（丈夫的名字）相遇相知，携手共度人生的每一个阶段。是你，让我的世界变得更加丰富多彩；是你，用无尽的耐心和爱意，包容我的一切。这份遇见，是我此生最宝贵的财富。

（3）愿你的每一个梦想都能照进现实，愿你的每一天都充满阳光和喜悦。在未来的日子里，让我们继续携手并肩，共同创造更多美好的回忆。现在，让我们共同举杯，为×××（丈夫的名字）的生日，为我们的爱与幸福，干杯!

父亲生日
——岁岁年年有今朝

在父亲的生日宴上，作为子女，如何致词，既能让亲朋好友感受到家庭的温馨，又能表达对父亲的敬爱呢？

身临其境

儿子/女儿：

今日父亲庆生辰，儿孙欢聚喜盈门。

父亲，您一生中最宝贵的财富，便是那勤劳善良的品格、宽容大度的待人之道和充满爱与智慧的家庭教诲。在这个喜庆的日子里，我们向您致以最深的敬意和感激：感谢您的养育之恩，您辛苦了！

我们坚信，在兄弟姐妹的携手努力下，我们的家庭将日益兴旺，事业蒸蒸日上。同时，我们也祈愿您健康长寿，晚年生活幸福安康，尽享天伦之乐！

干杯，共祝父亲福星高照，万事顺心，笑口常开！

酒桌宝典

父亲生日祝酒词需包含的要点：

① 对在场来宾的到来表示感谢。

② 对父亲的默默奉献表示感谢。

③ 感谢父亲对自己的养育之恩。

④ 祈愿父亲健康长寿。

⑤ 对在场来宾表达真挚的祝福。

妙语佳句

（1）父爱如山情似海，深情厚意比天长。爸，您总是默默地为我们付出，无论是学习上的鼓励还是生活上的关怀，都让我们感受到了无尽的温暖和力量。如今，我们已经长大成人，但无论走到哪里，那份来自您的爱和支持都是我们最坚强的后盾。

（2）岁月如歌情更浓，父爱绵长似江洪。在这个特别的日子里，我想对您说声："爸，您辛苦了！"感谢您为我们所做的一切，感谢您给予我们的爱与教诲。祝您生日快乐，愿您岁岁皆安康，福寿双全乐无边。

（3）让我们共同举杯，为爸爸的生日、为我们的家庭幸福、为在座每一位亲朋好友的友谊和健康，干杯！愿这个美好的夜晚成为我们心中永远的记忆，愿我们的爱与祝福永远伴随着爸爸，直到永远！谢谢大家！

母亲生日
——永远年轻美丽，欢乐远长

在母亲的生日宴上，作为子女，如何致词，才能表达出自己对母亲的感激与祝福呢？

儿子／女儿：

母亲，您是一个普通而又不平凡的女性。您的一生，为我们的成长付出了全部的心血。作为您的儿女，我们是幸福的，不但有诗和远方，还有您亲手做的热腾腾的家常菜，暖胃又暖心。

在此，我要向母亲献上最真挚的祝福：愿您福如东海长流水，寿比南山不老松！愿您健康如意，福乐绵绵，笑口常开，益寿延年！干杯！

酒桌宝典

母亲生日祝酒词需包含的要点：

① 感谢所有来宾出席母亲的生日宴。

② 赞美母亲的伟大与无私。

③ 表达对母亲养育之恩的深深感激。

④ 为母亲送上最真挚的祝福。

⑤ 邀请大家共同举杯，为母亲的生日庆祝。

妙语佳句

（1）今日母亲庆芳辰，儿孙欢聚乐融融。母亲，感谢您几十年如一日的辛勤付出与无私奉献。是您用勤劳的双手，为我们创造了一个温馨、和谐的家庭。愿您岁岁皆安康，福寿双全乐陶然。干杯！

（2）母爱深沉如山海，恩情厚重似天疆。妈妈，愿您的生日充满欢笑和喜悦，愿您的每一天都如这宴会般温馨美好。我们衷心祝愿您身体健康，笑口常开！

（3）在今天这个特别的日子里，我想对您说，妈妈，我永远爱您，祝您生日快乐，身体健康，青春永驻，岁岁顺心！干杯！

爷爷生日
——福如东海，寿比南山

场景再现

在爷爷的寿宴上，孙子孙女该如何巧妙致词，既能为整个宴会增添欢乐的氛围，又能让爷爷感受到来自家人的温暖和关爱呢？

身临其境

孙子/孙女：

今日爷爷庆寿辰，亲朋好友聚满门。在我们晚辈的心中，爷爷虽是普通人，但您的形象永远是那么高大！我们的幸福，离不开您一直以来的关爱与鼓励；我们的快乐，源于您无私的呵护与疼爱；我们的团结与和睦，得益于您谆谆的教诲与殷切的期望！

在此，我代表全家向爷爷郑重承诺：我们一定会铭记您的教诲，传承您的精神，团结一心，奋发向前，在学业和事业上不断取得新的成就。同时，我们也会竭尽全力，让您的晚年生活更加幸福、安宁，直到百岁之龄。

孙儿孙女齐敬酒，祝爷爷寿比南山长。

酒桌宝典

爷爷生日祝酒词需包含的要点：

① 为爷爷送上寿宴祝福。

② 感谢亲朋好友们的到场。

③ 感恩爷爷多年来的疼爱。

④ 对爷爷许下"以孝为先"的承诺。

⑤ 对在场来宾表达真挚的祝愿。

妙语佳句

（1）亲爱的爷爷，您是参天大树，为我们遮风挡雨，更是我们家族的骄傲。愿您鹤发童颜永驻，如意吉祥伴您左右，健康长寿直到永远！

（2）岁月如歌人未老，福寿双全乐无边。爷爷，让我们共同举杯，为您的××岁大寿干杯！愿这杯中的美酒，承载着我们对您的爱与祝福，陪伴您度过每一个幸福、安康的岁月。再次祝您生日快乐，爷爷，我们永远爱您！

（3）爷爷，是您付出艰辛把我们子子孙孙养育成人，是您用望子成龙、望女成凤的严爱供养子子孙孙读书成人。您走过风风雨雨几十载，给我们子子孙孙创造了今天的幸福生活，愿爷爷岁岁皆如意，吉星高照福满堂！

奶奶生日
——福寿绵绵，长命百岁

在奶奶的寿宴上，孙子孙女该如何致词，既能为宴会增添欢声笑语，又能深情地传达出家人对奶奶的尊敬与祝福呢？

孙子／孙女：

夕阳无限好，家有一老，如有一宝！风风雨雨××年，奶奶阅尽了人间沧桑，一生积蓄的最大财富就是您那勤劳、善良的人生品格，宽厚待人的处世之道，严爱有加的朴实家风，这一切，伴随着您走过了几十年的坎坷岁月，也迎来了幸福的晚年生活。

让我们共同举杯，为奶奶的××岁寿辰送上最美好的祝福：祝您寿辰快乐，吉祥如意！岁岁平安如意，笑口常开；年年福星高照，寿比南山！

酒桌宝典

奶奶生日祝酒词需包含的要点：

① 问候在场的亲朋好友。

② 赞美奶奶的优秀品质。

③ 感恩奶奶多年来的疼爱。

④ 为奶奶送上寿辰祝福。

⑤ 为奶奶的健康长寿干杯。

妙语佳句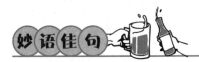

（1）今日奶奶庆华章，儿孙满堂笑声扬。奶奶勤俭持家的精神、真诚待人的态度以及和爷爷相濡以沫的深厚情感，为我们树立了榜样。干杯，祝奶奶长命百岁，富贵安康，年年有今日，岁岁有今朝！

（2）奶奶，在我们晚辈心中，您是最值得我们尊敬的长辈。正是因为有了您的辛勤付出和无私奉献，我们才有了今天幸福安宁的生活。

愿您岁岁皆平安，笑口常开春永驻。

干杯，共祝奶奶身体健康，万寿无疆！

（3）奶奶，祝您在新的一岁里，身体健康，事事顺心。我们全家人都非常爱您，感谢您带给我们的一切。愿您继续保持微笑，天天快乐开心！再次祝您生日快乐！干了这杯酒。

恩师寿辰
——岁月悠悠，恩师之情永存

场景再现

    在恩师的生日宴上，学生该如何说祝酒词，既能表达对恩师的崇高敬意与感激之情，又能在宴会上增添温馨与欢乐的氛围，促进师生间情感的交流与深化呢？

身临其境

学生：

    春秋迭易，岁月轮回，我们欢聚在这里，为我们尊敬的××老师庆祝六十大寿。××老师的人生，历经风雨洗礼，饱经沧桑岁月，已走过辉煌的××个春秋。您的生命，在风华正茂时如旭日东升，璀璨夺目；在白发苍苍时依旧如同晚霞，绚丽多彩。您视名利为浮云过眼，将教育事业视为重于泰山的使命，倾尽一生心血，为培养下一代而辛勤耕耘。

    回首往昔，您用知识的甘霖如细雨般洒落，滋养了我们稚嫩的心田。如今，我们如同盛开的桃李，遍布九州大地，在各自的岗位上熠熠生辉。在此，我谨代表××届××班的全体同学，向尊敬的恩师献上真挚的祝福：愿您笑容常伴，幸福永驻。

酒桌宝典

恩师寿辰祝酒词需包含的要点：

① 对前来参加宴会的老师、同学表示感谢。

② 对恩师的教诲表达自己的敬意和尊重。

③ 回顾恩师在教育生涯中的辛勤付出和无私奉献。

④ 强调恩师的高尚品质和崇高精神。

⑤ 再次送上真挚的祝福。

妙语佳句

（1）春华秋实，岁月如梭，恩师的生日又如期而至。今日，我们再次欢聚一堂，共同为恩师庆祝这意义非凡的××岁寿宴，以表达我们无尽的敬意与祝福。

（2）曾有智者言："在所有称谓中，有两个最为温暖和崇高：一为母亲，一为老师。"老师，您的人生犹如一团不灭的火焰，您的生活宛如一首激昂的赞歌，您的事业更是一幅壮丽的画卷。

（3）让我们举杯共饮三杯，以表敬意与祝福。第一杯，庆贺××老师60载春秋，福寿双全；第二杯，感激××老师多年的辛勤教诲，恩重如山；第三杯，祈愿××老师身体健康，长寿无疆！

领导生日
——岁月如歌，人生如画

场景再现

在领导的生日宴会上，作为员工代表发言时，应如何构思祝酒词，既能充分表达对领导的敬意与尊重，又能加强上下级之间的沟通，并留下美好的回忆呢？

身临其境

员工：

××总，您一直以来都是我们团队的灵魂和核心。您的智慧、勇气和决断力，引领我们走过了一个又一个难关，创造了一个又一个辉煌的成绩。您不仅是我们工作上的导师，更是我们生活中的朋友和榜样。您的言传身教，让我们学会了如何做人、如何做事，更让我们懂得了什么是责任、什么是担当。

现在，请允许我代表全体团队成员，向您敬上一杯美酒，祝您生日快乐，身体健康，万事如意！愿您在未来的日子里，继续带领我们团队走向更加辉煌的明天！

酒桌宝典

领导生日祝酒词需包含的要点:

①表达对领导的敬意。

②表达对领导才能、领导风格和人格魅力的赞扬。

③表达对领导个人关怀和指导的感谢。

④表达对团队或公司未来的期望。

⑤对在场来宾表达真挚的祝福。

妙语佳句

（1）生辰之喜乐融融，领导笑靥如花红。智慧如海深无际，恩情如山重千钧。举杯共祝生辰好，愿您岁岁皆安康！感谢您一直以来对我们的关心和支持，感谢您为我们付出的辛勤和汗水。

（2）衷心祝愿××总岁岁平安，青春永驻，笑容常在，快乐无边。愿××总在事业和生活的道路上，一帆风顺，前程似锦，好运相随。相信今晚的歌声与笑语，将为您的生日之夜增添无尽的温馨与难忘，愿您度过一个美好而难忘的生日之夜。

（3）岁月悠悠，您以非凡的智慧和坚定的信念，引领我们跨越了一个又一个难关。今天，我们举杯共祝，愿您的生日充满温馨与喜悦，愿您的未来更加光明灿烂。

朋友生日
——朝朝暮暮皆欢喜

场景再现

庆祝朋友的生日时，祝酒词如何构思，既能彰显朋友之间的深厚情谊，又能传达出彼此间的真挚感情呢？

身临其境

朋友1：

多少岁不重要，岁岁平安才重要。今晚，我们不只是围坐一桌，更是聚集在一个由笑声、回忆与梦想交织的时空里，为一位特别的人——×××，庆祝他/她生命旅程中的又一个璀璨节点。

朋友2：

×××，在这个快节奏的新时代，你像一股清新的风，不仅自己活得精彩纷呈，还总能以独特的方式，让周围的人感受到生活的温度和色彩。你勇于尝试，敢于梦想，用实际行动诠释了什么叫"不畏将来，不念过往"。

朋友3：

岁月悠长，我们友情不散。给你准备的丝巾，愿它陪伴你走过四季更迭，无论是秋日的宁静还是冬日的暖阳，都能成为你装扮中最温馨的一抹色彩。

酒桌宝典

朋友生日祝酒词需包含的要点：

① 对前来参加宴会的来宾表示感谢。

② 对友情真诚的赞美。

③ 对朋友的祝福和希望。

④ 对聚会组织者的付出表示感谢。

⑤ 呼吁大家共饮，为朋友庆生。

妙语佳句

（1）时光匆匆，岁月如梭，但×××的风采依旧。在事业上，他／她锐意进取，成就斐然，成为同龄人中的翘楚；在家庭中，他／她更是慈爱有加，家庭和睦，堪称楷模。在此，我衷心祝愿×××的事业更上一层楼，家庭幸福美满，岁月静好，人生辉煌。

（2）在茫茫人海中，我们由陌路到朋友，由相遇到相知，算来，我们已经有××年的交情。真诚地希望我们能永远守住这份珍贵的友谊，愿我给你带来的是快乐，愿我们的友情如流水般长久，直到永恒！

（3）朋友们！来，让我们端起手中的美酒，共同祝愿××生日快乐，愿他在新的一年里，事业平步青云，身体健康，生活日新月异。干杯！

第二章

婚宴酒——良辰美酒，佳偶天成

介绍人

——始于初见，止于终老

在婚宴上，介绍人祝酒词怎么说，既能深情地表达对新人的美好祝愿，又能温馨地回顾他们相识相爱的历程，同时巧妙地烘托出婚宴的喜庆氛围，并体现出恰到好处的社交礼仪呢？

介绍人：

天搭鹊桥，人间巧奇，一对鸳鸯，恰逢新禧。在这花好月圆的美好时刻，我们共同见证并庆祝×××先生与×××小姐喜结连理、共赴白首的婚礼盛典。作为这对佳偶的缘分引路人，能够站在这里，参与他们人生中最重要的一刻，我深感荣幸，同时也满怀感激。

可以说，我所扮演的介绍人角色，不过是为这段美好姻缘轻轻拉开了序幕——仅仅是在某个不经意的瞬间，为他们搭起了一座相识的桥梁。而随后，那无数温馨浪漫的、月下花前的甜蜜时光，以及两人间日益加深的依恋与陪伴，都是他们爱情最真实的模样，是两人共同走过的幸福足迹。

现在，让我们举杯同庆，祝愿这对新人始于初见，止于终老！

酒桌宝典

介绍人祝酒词需包含的要点：

① 对前来参加宴会的来宾表示诚挚的问候和感谢。

② 简要回顾自己如何促成这段姻缘。

③ 赞美新娘新郎。

④ 表达自己对新人未来生活的美好祝愿。

⑤ 呼吁所有来宾为新人的美满未来干杯。

妙语佳句

（1）今日吉时，喜庆盈门，我有幸作为二位新人的介绍人，在此衷心祝愿新娘与新郎，爱河长流，情深缱绻，共绘人生绚烂篇章；早得贵子，福泽绵长，家族兴旺，幸福安康，岁岁年年皆美满。

（2）新娘×××小姐，温婉端庄，秀丽可人，宛如画中仙子，令人心生向往；新郎×××先生，则是一表人才，英俊潇洒，才华横溢，尽显绅士风度。两人站在一起，真可谓是才子佳人，天造地设的一对璧人，让人不禁感叹缘分的美妙与神奇。

（3）因缘际会，让你们相遇相知；情深意长，让缘分紧密相连。愿这份珍贵的结合，如同星辰般璀璨不息，幸福快乐如影随形，始终相伴你们左右，直至永恒！让我们共同斟满这甘醇美酒，祝福这对新人钟爱一生，情深似海；更愿他们同心永结，携手共赴每一个晨昏！

证婚人
——以余生为期，共度日月

在婚宴上，作为证婚人，该如何构思祝酒词，巧妙地向新人及在座宾客传达对未来幸福生活的深切期盼与美好祝愿呢？

证婚人：

花开成双，喜接连理，甜甜蜜蜜，百年夫妻。今天，我深感荣幸，受新郎××先生与新娘××小姐之托，作为他们婚姻庆典的见证者，在这神圣而温馨的时刻，亲眼目睹两颗心因爱交融，绽放成世间最美的风景。

在此，我向大家介绍这对璧人——新郎××先生，风华正茂，年仅28岁，他不仅外表俊朗，而且才华横溢，心地善良。新娘××小姐，芳龄26岁，她不仅容貌清丽，而且性情温婉、气质超凡。命运巧妙地将他们紧密相连，从相遇的刹那，到相知相守，直至今日共赴婚姻的圣殿，每一步都印证着缘分的奇妙与坚定。

在此，我诚挚邀请在座的每一位，与我一同举杯，祝这对新人新婚快乐！

酒桌宝典

证婚人祝酒词需包含的要点：

① 对前来参加宴会的来宾表示问候。

② 表示作为证婚人参加这一重要时刻的荣幸。

③ 以庄重而正式的语言宣布新郎与新娘婚姻的合法性。

④ 向新人表达对未来生活的美好祝愿。

⑤ 呼吁在场来宾共同举杯祝福新人。

妙语佳句

（1）新郎和新娘不仅郎才女貌，而且志趣相投，性情互补。他们从相识、相知，到相爱、相恋，如今终于修成正果，此情此景，我内心充满了深深的感动与自豪。

（2）此刻，××先生与××小姐正式结为连理，从今往后，无论风雨变换，贫富贵贱，疾病健康，乃至生命的每一个阶段，他们都将携手并肩，以不渝之誓，深情厚意地守护彼此，让爱成为彼此生命中最坚实的依靠。

（3）此刻，让我们共同举杯，祈愿新郎××先生与新娘××小姐，能将恋爱时的那份浪漫与激情，化作细水长流的陪伴，直至地老天荒。祝福他们，幸福绵长，爱情永固！

新郎新娘
——拥挤人间，有幸与你相遇

婚宴上，作为新娘新郎的你们，在给父母和来宾祝酒时，如何说才能活跃气氛，赢得来宾的好感呢？

身 临 其 境

新郎：

感谢各位能在百忙之中来参加我和×××的结婚典礼。我怀着无比激动、无比幸福的心情，迫不及待地和大家分享我们的喜悦。今天，是我人生中最重要的日子，也是我与我的爱人共同开启新生活的起点。

新娘：

自今日之后，我们就拥有了属于自己的家庭，我们的人生旅途开始了一个新的里程，但我永远也不会忘记亲朋好友们真挚的情谊，有你们这份浓情厚意的相伴，我们未来的生活一定会更加美好。

新郎、新娘：

千言万语难表我们对各位的感激之情。在这个特殊的时刻里，让我们共同举杯，为我们的深厚情谊和幸福生活，干杯！

新郎新娘祝酒词需包含的要点：

① 对爱情的坚定。

② 对幸福未来的美好期许。

③ 向对方父母许下承诺。

④ 对父母养育之恩的无限感激。

⑤ 对亲朋好友的深深感谢。

（1）我们的爱情，在经过严峻的考验之后，将变得更加成熟、理性，我们会更珍惜这来之不易的幸福生活。

（2）我的爱人，你的出现让我的世界变得更加完整和美好。在铺满鲜花的道路上，唯愿与你携手相拥，共同许下"白头偕老"的承诺，我会用我全部的热情和努力，去守护你、珍惜你，让我们的爱情永远充满激情和活力。

（3）在这茫茫人海中，是奇妙的缘分让我们相遇。从最初的相识，到后来的相知，每一步都像是命运巧妙的安排。我们彼此了解，彼此扶持，最终相爱，并决定携手步入婚姻的殿堂。今天，在这里，我想对在座的每一位亲朋好友说，感谢你们见证我们爱情的成长，也请与我们一起举杯，祝福我们的未来充满幸福与甜蜜。

新郎父母
——同心同德，共赴美好

场景再现

在婚宴上，父母的祝福是新人最希望收到的礼物，作为新郎父母，在新人的结婚典礼上如何说呢？

身临其境

新郎父亲：

今天，是我儿子与儿媳喜结连理的美好时刻。此刻，我代表我们全家，向所有来宾表示热烈的欢迎和万分的感谢！

作为父亲，我为拥有如此出色的儿子感到无比自豪。我们夫妇俩携手共育，历经风雨，见证了他从蹒跚学步到今日成家立业的每一步成长。如今，他找到了生命中的伴侣，即将开启人生的新篇章，我内心充满了无比的欣慰与喜悦。

新郎母亲：

作为母亲，我要向新娘的父母表达最深的感激之情。是你们的辛勤养育，让这样一位优秀的女孩成为了我们家庭的一员。她的到来，为我们的家庭增添了无尽的喜悦与温暖。请相信，我们会像对待亲生女儿一样疼爱她、呵护她，让她在我们这个大家庭中感受到满满的爱与归属感。同时，也感谢你们对这段姻缘的信任与支持，让我们两家因爱结缘，共筑美好未来。

新郎父母祝酒词需包含的要点：

① 表达作为新郎父母的身份和喜悦之情。

② 简要回顾新郎的成长历程。

③ 向新娘的父母表达感激之情。

④ 向新人传达婚姻的真谛和期望。

⑤ 对在场来宾表达真挚的祝福。

（1）在这个温馨而美好的时刻，我们作为父母，看到两个孩子结为伉俪而感到由衷的高兴，也对两个孩子表示深深的祝福。从今天起，你们夫妻俩要互敬互爱，在漫长的人生道路上经营好自己温馨幸福的小家。

（2）此时此刻，我的内心无比激动，我想对我的儿子、儿媳说：愿你们夫妻今后恩爱有加，不管贫困还是富有，你们都要一生一世、一心一意，忠贞不渝地爱护对方。

（3）我郑重地代表我的家人，诚挚地感谢亲家对小儿的认可，将你们含辛茹苦抚养成人的宝贝女儿托付给小儿。知子莫如父，我相信小儿有能力让你们的女儿幸福，请亲家放心。

新娘父母
——心心相印，白头偕老

在婚宴上，新娘的父母应当如何说，既能寄予新人对未来生活的美好祈愿，又能充分展现家庭间深厚的情感纽带与殷切期望呢？

身临其境

新娘父亲：

今日，是吾家爱女××与佳婿××喜结良缘的幸福时刻，我们满怀喜悦地迎接各位尊贵嘉宾的莅临，您的到来为这美好的庆典增添了无限光彩，对此我们深感荣幸并致以最热烈的欢迎与最诚挚的感谢。让我们共同举杯，为这对新人的美好未来和在座每一位的幸福安康，干杯！

新娘母亲：

孩子们，你们的结合不仅关乎两个人的幸福，更是两个家庭乃至整个家族的期望与寄托。愿你们在未来的日子里，携手并肩，以爱为舟，以责任为帆，共同驶向人生的每一个美好彼岸。愿你们珍惜彼此，相互扶持，不仅在情感上相知相守，更在事业上相互成就，共同打造一个温馨、和谐、充满爱的大家庭。

新娘父母祝酒词需包含的要点：

① 向在座的宾客表示热烈的欢迎和衷心的感谢。

② 目睹爱女成家立业的欣慰与喜悦。

③ 直接表达对女儿未来婚姻生活的美好祝愿。

④ 表达对新郎（女婿）的认可与赞赏。

⑤ 祝愿在座的每一位宾客都能幸福美满。

（1）我的女儿，她是我们家的掌上明珠。如今，看到她找到了生命中的伴侣，一个既聪明又上进，才华横溢且责任感满满的优秀青年，我的心中无比的欣慰与满足。女婿，从今天起，你将是我们家庭的重要一员，我们相信你定能给予我女儿最坚实的依靠和最温暖的呵护。

（2）婚姻之路不仅是花前月下的浪漫甜蜜，更是平凡日子里柴米油盐的相守。愿你们在生活中，始终保持对彼此的尊重、敬爱、理解与包容，共同编织属于你们的幸福故事。

（3）感谢命运将这么好的男孩子送到我女儿身边，感谢今天所有的来宾，你们的出席让婚礼更加精彩。希望在座嘉宾在分享新人喜悦的同时，接受我们美好的祝福，接受我们的感激之情。

伴郎

——甜蜜如初，共度美好今生

场景再现

在婚宴上，伴郎祝酒词怎么说，既能幽默风趣、深情款款，又能传递出对新人最真挚的祝福呢？

身临其境

伴郎：

兄弟，作为伴郎，我为你感到骄傲。说实话，看到你们郎才女貌，恩爱有加，真让人羡慕。

我和新郎同窗四载，岁月的年轮记载着我们许多美好的青春回忆。而今，昔日那个谈论着爱情、梦想的少年，已经找到了他的幸福港湾——美丽温婉的新娘××。

这一刻，我想对新郎新娘说：婚姻不仅是爱情的甜蜜延续，更是责任与承诺的开始。愿你们在未来的日子里，手牵手，心连心，共同面对生活的风雨，享受彼此给予的温暖与陪伴。无论岁月如何更迭，愿你们的爱情如初见时那般纯粹与热烈，直到时间的尽头。最后，让我们共同举杯，为这对璧人送上最美好的祝愿：愿你们白头偕老，永结同心，早生贵子！

酒桌宝典

伴郎祝酒词需包含的要点：

①向在座的宾客问好。

②表明自己的身份以及和新郎的过往。

③表达对新人爱情故事的欣赏。

④向新人送上新婚祝福。

⑤呼吁在座的宾客共同举杯为新人祝福

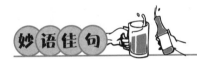

妙语佳句

（1）在这个充满爱与喜悦的时刻，我站在这里，心中无比激动。作为新郎最亲密的朋友之一，我见证了他从一个青涩少年成长为今天这个成熟稳重、即将步入婚姻殿堂的男子汉，我感到无比的骄傲和欣慰。

（2）回想起我们曾经一起度过的那些日子，无论是深夜里的长谈，还是球场上的挥汗如雨，×××（新郎的名字）总是那个最值得信赖的伙伴。他的真诚、善良和责任感，让我相信，他一定是能够给予×××（新娘的名字）幸福一生的那个人。

（3）看到你们如此幸福地走到一起，我由衷地为你们感到高兴。愿你们的爱情如同美酒，越陈越香；愿你们的生活充满欢笑与甜蜜。

伴娘

——满心欢喜，共赴白头

场景再现

在婚宴上，伴娘该如何构思祝酒词，既能巧妙地调动宾客的情绪，又能让现场氛围更加热烈欢快呢？

身临其境

伴娘：

恭喜我的好姐妹，终于找到了自己的人生伴侣，从此漫漫人生路，有他相伴相依。从今天起，你就不再是一个人了，有人疼，有人爱，有人陪你一起笑，一起闹。我相信，你未来的每一天都会像今天这么幸福，这么甜蜜。

新郎，你是幸运的，因为你娶到了一位不仅美丽，更拥有美好心灵的伴侣。请相信，未来的日子里，无论是风和日丽还是风雨兼程，新娘都会是你最坚实的后盾，最温暖的港湾。请务必珍惜这份缘分，用心经营你们的爱情，让它在时间的见证下愈发醇厚。

最后，让我们共同举杯，为这对新人的美满婚姻干杯！愿幸福如影随形，快乐常伴左右，爱情甜蜜如初，婚姻美满长久！干杯！

伴娘祝酒词需包含的要点：

①　向出席婚礼的宾客们表示感谢。

②　简短地回顾与新娘相识、相知的经历。

③　对新娘和新郎的婚姻给予真挚的祝福。

④　适当地表达自己对新娘的深厚感情。

⑤　号召宾客共同为新人的幸福干杯。

（1）新郎×××，你很幸运，能够赢得这样一位优秀女孩的芳心。我亲眼见证了你们从相识、相知到相爱的过程，每一次的相视一笑、每一次的默契配合，都让我深深地感受到你们之间的爱情是如此真挚而美好。

（2）今天，站在这里，看着穿上婚纱的美丽新娘，我的心里满是感动和幸福。记得我们一起度过的那些平凡却温馨的日子，从青涩到成熟，每一步都有你的陪伴。现在，看到你找到了属于自己的幸福，我由衷地为你感到高兴。

（3）现在，让我们共同举杯，为这对幸福的新人祝福：愿爱神永远眷顾你们，让你们的爱情如同这璀璨的烛光，温暖而明亮，照亮彼此的世界，也温暖在座的每一位宾客。

新娘新郎好友
——此刻便是幸福的起点

场 景 再 现

　　婚礼当天，作为新娘新郎的挚友，该如何构思祝酒词，既能为婚宴氛围添彩的同时，又能让这一刻成为大家的美好记忆呢？

身 临 其 境

新郎好友：

　　今天，我不是来抢新郎风头的，但请允许我借这个舞台，用我三寸不烂之舌，为我的好兄弟×××的婚礼添点温情。新郎，作为你多年来的挚友，我见证了你的成长与蜕变，从青涩少年到如今稳重的新郎，每一步都走得那么坚定而自信。今天，看到你与心爱的人携手步入婚姻的殿堂，我心中满是喜悦与祝福。

新娘好友：

　　×××（新娘的名字），作为你多年来的闺蜜，我见证了你从青涩少女一步步成长为今天这个美丽动人、自信满满的新娘，每一步都走得那么优雅。往后余生，希望你们能够甘苦与共，以笑容面对生活中的每一个挑战，用爱化解一切困难，让幸福的阳光洒满你们的世界。让这份感情随着岁月的流逝而愈发深厚，成为彼此生命中最宝贵的财富。

酒桌宝典

新娘新郎好友祝酒词需包含的要点：

① 表达对在场宾客的感谢。

② 回忆与新人的共同经历。

③ 对新人未来生活的美好愿景。

④ 表达对他们爱情的认可与祝福。

⑤ 提议大家共同为新人的幸福未来干杯。

妙语佳句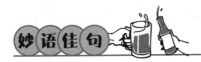

（1）兄弟，恭贺新婚之喜！愿你们携手共度百年，幸福绵长直至白发苍苍。今日良辰，开启你们幸福生活的序章，愿幸福如影随形，伴你们岁岁年年。

（2）今天，你身穿美丽的嫁衣，嫁给爱情，这是梦想照进现实的幸福时刻。祝你们婚后生活幸福甜蜜。让我们共同举起手中的美酒，为新郎新娘同心同德、喜结良缘的美好时刻而干杯，祝愿他们的婚姻幸福美满。

（3）你们是命运精心雕琢的天作之合，今日喜结连理，更应珍惜这份难得的缘分。愿你们在未来的日子里，同甘共苦，相濡以沫，不离不弃，共绘人生最美丽的风景。

来宾

——愿美满良缘，白首成约

场景再现

在婚礼现场，来宾应如何巧妙致词，既能深情传达祝福，又能瞬间点燃全场的热烈氛围呢？

身临其境

来宾：

今天，大家在这里欢聚一堂，是为了共同庆祝新郎××先生与新娘××小姐的结婚典礼。新郎××先生与新娘××小姐初识于美丽的大学校园。他们，一位是风度翩翩、稳重有加、气质高雅的帅小伙；另一位是美丽大方、风姿绰约、端庄贤淑的俏佳人。在紧张的学习之中，共同的课余爱好和志趣使他们相互吸引，并走到了一起。

希望你们在今后的共同生活中互相帮助、共同进步，恩恩爱爱、甜甜蜜蜜！朋友们，让我们共同举起手中的美酒，为新郎和新娘能够喜结良缘的幸福而干杯！

酒桌宝典

来宾代表祝酒词需包含的要点：

① 热情地问候在场的每一位来宾。

② 表达自己作为代表发言的喜悦之情。

③ 简短回顾新人的相识、相知、相爱的过程

④ 向新人表达最真挚的祝福。

⑤ 调动现场气氛，让宾客更加投入。

妙语佳句

（1）今天，××先生与××小姐喜结良缘。在这神圣庄严的婚礼仪式上，我代表所有亲朋好友向这对幸福甜蜜的新人，表示最热烈的祝贺和美好的祝福！

（2）新郎，愿你在未来的日子里，以无尽的温柔与智慧，细心呵护你的伴侣，让她的世界永远充满阳光与欢笑。在她偶尔的任性中，看到那份纯真的可爱，用你的宽广胸怀，为她撑起一片无雨的天空。新娘，愿你在婚姻的旅途中，成为丈夫最坚实的后盾，不仅在生活中相互扶持，更在心灵上给予他最深的慰藉。

（3）我想，今日在座的诸位，必定也被这对新人的幸福深深感染。让我们由衷地为他们送上最真挚的祝福吧，愿他们在婚后的日子里，更加珍视彼此的存在，珍视这份难得的姻缘。

第三章

家宴酒——欢聚一堂，酒暖情长

满月宴
——喜得贵子，喜笑颜开

场景再现

在孩子的满月宴上，父母如何说祝酒词，既能庆祝和感激宝宝的降生，又能增进情感交流、传递美好祝愿、展示家庭形象并营造喜庆氛围呢？

身临其境

孩子父亲：

感谢大家在百忙之中抽空出席我儿子的满月庆典，这份情谊让我们全家倍感温暖与荣幸。在此，我和我的妻子以最诚挚的心情，向在座的每一位表达最热烈的欢迎与最深切的感激！

孩子母亲：

今天，我们的小宝贝满月啦。这一个月，我们初尝为人父母的喜悦与自豪，更深刻体会到了育儿路上的点点滴滴，每一份辛劳都化作了心中最甜蜜的负担。在此，让我们共同举杯，为宝贝的健康成长、为在座每一位的幸福安康、为这美好而温馨的时刻，干杯！

**酒桌宝典**

满月宴父母祝酒词需包含的要点:

① 感谢各位宾客的到来。

② 分享宝宝为家庭带来的新变化和喜悦。

③ 感谢父母的养育之恩。

④ 感谢另一半的付出 / 表达对宝宝真切的爱意。

⑤ 为宝宝的健康成长和家庭的幸福干杯。

**妙语佳句**

（1）一月之前，我和妻子荣幸地成为了父母，这份喜悦无以言表。初为人父的这一个月，让我深刻体会到了"养儿方知父母恩"的深意，心中充满了感激之情。

（2）我们要向四位年迈而慈祥的父母致以最深的敬意和感激。是你们，用无私的爱与奉献，将我们养育成人，教会了我们如何去爱，如何承担责任。如今，我们更加深刻地理解了父母养育子女时的厚重情感。对于你们给予孩子无微不至的关怀与付出，我们感激不尽，愿以余生之力，尽孝膝下，祈愿你们福寿安康，笑口常开！

（3）宝宝，我们想对你说：你是爸爸妈妈最亲爱的宝贝。我们衷心祈愿，未来的日子里，你能如小树苗般茁壮成长，身体棒棒，笑容常在，用你纯真无邪的脚步，稳健而快乐地踏遍人生的每一个精彩瞬间。

订婚宴
——永结同心、比翼双飞

在订婚宴上,父母如何说祝酒词,既能为这温馨喜庆的时刻增添光彩,又能让准新人深切感受到来自家人最真挚的关怀与满满的祝福呢?

新人父亲:

爱因真心而守,情因幸福而伴。让我们共同举杯,为这对新人的订婚之喜干杯!祝愿他们在未来的婚姻生活中,能够心心相印、白头偕老,幸福美满、永结同心!也祝愿在座的每一位嘉宾身体健康、家庭幸福、万事如意!

新人母亲:

在此,我想对我的儿子和准儿媳说:从今天起,你们即将携手步入人生的新阶段,共同面对未来的风雨与挑战。作为父母,我们深信你们能够相互扶持、相互理解、相互尊重,共同创造属于你们的幸福生活。愿你们在彼此的陪伴下,共同成长,共同进步,让爱情之花在生活的土壤中绽放得更加绚烂多彩。

酒桌宝典

订婚宴父母祝酒词需包含的要点：

①感谢宾客在百忙之中抽空参加订婚宴。

②欣慰儿子/女儿的成长与变化。

③为新人送上祝福和赞美。

④感谢亲友们的支持和祝福。

⑤为新人的订婚之喜干杯。

妙语佳句

（1）我儿子善良、踏实、可靠，不仅在事业上勤勉不懈，更以孝顺之心温暖我们的家，以仗义之情坚固友情之桥。而我的准儿媳，漂亮而不失大方，对人对事都怀有一颗关怀体谅的心，这些难能可贵的品质，让我们全家对她深深喜爱并引以为傲。

（2）孩子们，婚姻是爱情的升华，更是责任的开始。愿你们以爱为舟，以责任为帆，勇敢地驶向幸福的彼岸。

（3）缘分让你们相遇，爱情让你们相守。作为父母，我们深感欣慰，更满怀期待。愿你们的婚姻如同这宴席般，热闹而温馨，充满欢声笑语。

回门宴
——携手共进，共同成长

场景再现

　　在回门宴上，新娘父母如何说祝酒词，既能表达对新人的美好祝福，又能庆祝整个家庭的团聚呢？

身临其境

新娘父亲：

　　从今天起，×××（新郎）就正式成为了我们家庭的一份子。我们知道，你是一个值得信赖和依靠的年轻人，你对×××（新娘名字）的爱与呵护，我们都看在眼里，暖在心里。请相信，作为父母，我们会像爱自己的女儿一样爱你，支持你们的小家，希望你们在未来的日子里，相互扶持，共同成长，无论是顺境还是逆境，都能手牵手，心连心，共同书写属于你们的幸福篇章。

新娘母亲：

　　在此，我要特别感谢我的女婿，感谢你对我女儿一直以来的关爱与呵护。作为我们这个大家庭中的一员，我们期待你与我们一同分享生活的喜怒哀乐，共同守护这份来之不易的缘分。我相信，在你们的共同努力下，未来的日子一定会充满阳光与希望。

酒桌宝典

回门宴父母祝酒词需包含的要点：

① 向在场的所有宾客致以问候。

② 表达对女儿成长 / 成家立业的感慨。

③ 欣慰女儿得遇良人。

④ 表达对新人的美好祝愿。

⑤ 感谢宾客们的到来和祝福。

妙语佳句

（1）新人回门，不仅是家的归宁，更是两颗心紧紧相依的开始。愿这幸福的时刻成为你们人生旅途中最美的风景，携手共赏，直到白头。

（2）女婿，我把我的宝贝女儿交给你了，希望你能像我一样，疼爱她、呵护她、尊重她。我相信，你的真心与付出，会让她感受到家的温暖与幸福。愿你们在未来的日子里，心心相印，相濡以沫。

（3）在这个特别的时刻，我想对你们说：无论未来的路有多么漫长或艰难，都请记得，家永远是你们最坚强的后盾。我们期待着见证你们每一个幸福的瞬间，分享你们每一次成功的喜悦。

升学宴

——不负青春，不负韶华

在升学宴上，人们应该怎么说，既能对学生过去的努力给予充分肯定，又能表达出对其未来发展的关注与期待呢？

身 临 其 境

学生本人：

升学之喜，倍感荣幸。在这里，我要特别感谢我的老师们，是你们教会我知识。我也要感谢我的父母，你们无私地为我付出和默默的鼓励我。还有我的同学们，谢谢你们一直陪在我身边，让我的学习生活变得充实而快乐。

家长：

衷心地感谢大家在百忙之中，前来参加小儿/小女的升学宴！孩子很争气，如愿地考入了理想的×××大学！这离不开在座的每一位亲朋好友的关爱与支持。

老师：

升学之喜庆满堂，美酒一杯献才郎。在此，我要对我的学生说一声：恭喜你，经过不懈的努力，终于迎来了这个收获的季节。你的勤奋与才华是我们所有人的骄傲。愿你在新的学府里继续绽放光彩，成就更加辉煌的未来！

亲朋好友：

希望在以后的路途中，你能拿出乘风破浪的勇气和百折不挠的毅力，在挫折中成长，在磨炼中成熟，走出属于你自己的精彩人生。

酒桌宝典

升学宴祝酒词需包含的要点：

① 学生本人可以表达自己对未来的憧憬。

② 家长要感谢亲友能在百忙之中抽空参加孩子的升学宴。

③ 老师可以回顾孩子的成长过程，强调他的努力、进步和取得的成就。

④ 亲朋好友可以对孩子表示鼓励和肯定。

妙语佳句

（1）家长：孩子，你终于如愿以偿考取了理想中的大学。爸爸妈妈恭喜你！我深信，在往后的日子里，你必定能够怀揣宏伟志向，一步步成长为有担当、有能力、有智慧的人，不断超越自我。

（2）老师：我希望你保持对生活的热爱与好奇心，不断探索未知，丰富自己的内心世界；拥有坚韧不拔的毅力，面对困难和挑战时能够勇往直前，不轻言放弃；成为一个有责任感、懂得感恩的人，能以真诚和善良回馈每一份关爱与支持。

（3）亲朋好友：升学宴上酒香浓，千言万语化杯中。愿你前程似锦绣，鹏程万里展雄心。干杯！

家庭乔迁
——喜迁新居，福地洞天

在乔迁新居宴上，人们该怎样表达，既能展现对生活条件改善的满心喜悦，又能传达出内心的激动与对未来美好生活的无限期待呢？

身临其境

主人：

常言道："喜迁新居，福满门庭。"此刻的我，正沉浸在这份难以言喻的喜悦之中。今天，我们终于迎来了这个真正意义上的"家"，能够和亲朋好友们共享更多的欢乐时光！

来宾：

莺迁乔木喜洋洋，燕入高楼福满堂。在这个温馨而又喜悦的美好时刻，我们聚集在这里，共同见证并庆祝×××一家的乔迁之喜。新居落成，不仅是一个空间的转换，更是幸福与希望的新起点，愿这新居成为您和家人幸福的港湾，温馨和睦，福禄绵长。

其他家庭成员：

我想对每一位家庭成员说：感谢你们的陪伴与支持，是你们的努力与付出，让这个家不仅仅是砖瓦堆砌的空间，更是充满了爱与希望的小天地。让我们举杯，为这崭新的开始，也为未来的幸福！

酒桌宝典

家庭乔迁祝酒词需包含的要点：

① 主人可以表达乔迁新居的喜悦，感谢来宾在百忙之中抽空参加乔迁宴。

② 来宾可以表达对主人家乔迁新居的祝福。

③ 其他家庭成员可以表达对新生活的期待和愿景。

妙语佳句

（1）主人：今天，我们怀着无比激动的心情，庆祝我们乔迁新居。这个新家不仅是我们生活的港湾，更是我们爱情的见证和未来的起点。非常感谢大家在繁忙的日程中抽出时间，来与我们共同分享这份喜悦。我们深知，没有大家的支持和帮助，就没有我们今天的幸福时刻。

（2）来宾：搬新家，换心情，开启美好生活新篇章。愿这新房成为您和家人梦想起航的地方，生活如诗如画，幸福常伴左右。现在，让我们一起端起酒杯，为了迎接这崭新的生活，也为了大家的日子越过越红火，干杯！

（3）其他家庭成员：希望新家能成为亲朋好友常来的地方，不管是开心大笑还是难过掉泪，在这儿都能有人分担，有人理解。

家庭聚会
——共庆美好未来

场景再现

在充满欢乐的家庭聚会上，大家怎样说，既能充分展现家庭团聚的满心喜悦，又能表达出对家人深深的爱意和真挚祝福呢？

身临其境

聚会组织者：

愿我们的家庭永远充满和谐、幸福，愿每一位家人身体健康，事业有成，学业进步。在未来的日子里，让我们将这份温馨与爱意延续，共同为家族的繁荣与未来努力。干杯！

长辈：

回望过去的一年，我们家族经历了许多值得铭记的时刻。有的家庭迎来了新生命的诞生；有的家庭成员在工作和学习上取得了显著的进步；有的家庭在面对生活挑战时，展现出了坚韧不拔的精神，相互扶持，共同前行。这些点点滴滴，都是我们宝贵的精神财富，激励着在座的每一个人。

晚辈：

各位长辈，感谢你们一直以来的关爱与支持。在这个美好的时刻，我想对你们说：我爱你们！愿你们身体健康，每天都能开心快乐。我会继续努力，不辜负你们的期望。干杯！

酒桌宝典

家庭聚会祝酒词需包含的要点：

① 聚会发起人向在座的每一位家庭成员致以亲切的问候和感谢。

② 长辈回顾过去一年中家庭的重要事件或成就。

③ 晚辈感谢家人一直以来的关爱和支持。

妙语佳句

（1）聚会发起人：岁月悠悠，感激之情溢于言表。这些年里，是各位亲友的默默扶持与温馨安慰，让我们在人生的风雨中找到了避风的港湾，得以休憩心灵，重拾力量，再次扬帆起航。

（2）长辈：每一次相聚，都像是在温柔地回望那些悠悠岁月，同时也满怀着对未来的甜蜜憧憬。真心感谢你们，用满满的爱意和不时的陪伴，给平平淡淡的日子添上了无尽的色彩，让它们变得不再平凡，而是充满了温馨和意义。

（3）晚辈：在这个温馨美好的时刻，让我们共同举起手中的酒杯，不仅为过往的陪伴与记忆干杯，更为未来日子里更多的相聚与欢笑，为这份永恒的亲情与友谊，干杯！

第四章

职场酒——职场人生，
酒中真情

升职聚餐
——步步生莲，事业有成

在升职聚餐的欢乐时刻，如何致祝酒词，既能传达对同事升职的诚挚祝福，又能加深彼此之间的友情呢？

身临其境

升职者本人：

非常感谢各位领导和同事的关心和帮助，让我有机会在这个重要的场合与大家分享我的喜悦。在未来的工作中，我将继续努力，不辜负大家的期望，为公司的发展贡献自己的力量。

领导：

×××在我们团队中一直是个不可或缺的存在，他以卓越的业绩、无私的奉献和出色的领导力赢得了大家的尊敬和认可。在此，恭喜×××升职，衷心祝愿你在新的职位上能够继续发光发热，前程似锦，未来可期。

同事或下属：

在这个值得庆祝的时刻，让我们举杯同庆，祝贺您步步高升，迈向事业的更高峰。愿您在新的岗位上大展宏图，再创佳绩。干杯！

升职聚餐同事祝酒词需包含的要点：

①简短而亲切的问候。

②说明聚会的目的，即庆祝某位同事的升职。

③祝愿同事在新职位上继续取得成就。

④向榜样同事虚心学习取经。

⑤通过举杯共祝的方式将气氛推向高潮。

妙语佳句

（1）升职者本人：升职对我来说，既是一个新的起点，也是一份更重的责任。我知道，职位的提升也意味着更多的挑战和期待。我将以更加饱满的热情，更加严谨的态度，投入到新的工作中去，不仅要追求个人的成长，更要带领团队向着更高的目标迈进。

（2）同事或下属：您的升职，是新的起点，也是新的机遇。愿您在新的岗位上，抓住机遇，迎接挑战，创造更加辉煌的成就。你的升职，不仅是对你个人能力的认可，更是对我们整个团队士气的极大鼓舞。

（3）领导：在此，我提议，让我们共同举杯，为×××的升职致以最热烈的祝贺！愿你在新的岗位上继续发光发热，不仅实现个人价值的飞跃，更为我们团队带来更加出色的成绩。

离职聚餐
——勇往直前，一帆风顺

场景再现

　　离职聚餐时，怎么说，既能强调同事之间的深厚感情，又能巧妙地让这离别的时刻显得不那么感伤呢？

身临其境

离职者本人：

　　在这个特别的时刻，我满怀感激之情，举杯向在座的伙伴，致以最真挚的谢意与最美好的祝愿。是你们一直以来的耐心指导、无私分享和坚定支持，让我在挑战中成长，在困惑中找到了方向。让我们共同举杯，向过去的美好时光致敬，也为未来的无限可能祝福！

领导：

　　离别总是让人伤感，但我们也应该看到，离别也是成长的一部分。对于×××来说，这是一个充满无限可能的新开始。我们相信，凭借他的才华和努力，无论在哪里，都能闯出一片属于自己的天地。

同事或下属：

　　你勇敢追求新机会的决心，让我们既感到敬佩，也感到欣慰。那些一起加班到深夜、一起解决难题的时刻，还有工作之余的欢声笑语，都将成为我们心中最宝贵的记忆。

酒桌宝典

离职聚餐祝酒词需包含的要点：

① 离职者本人向在座的每一位来宾表示问候；表达对同事们过去对自己帮助的感激之情；对自己的未来充满期望和憧憬。

② 领导祝愿离职的员工能在未来的道路上越走越远。

③ 同事或下属表达不舍与支持。

妙语佳句

（1）离职者本人：在座的每一个人，每一个故事，都是我宝贵的财富。我坚信，无论未来我走到哪里，这段经历都将是我心中最温暖的记忆，激励我不断前行，追求卓越。

（2）领导：愿你在接下来的职业生涯中，能遇到更多的美好，实现心中的梦想，取得辉煌的业绩，收获满满的成就。干杯！

（3）同事或下属：今天，你要离开了，这让我们感到有些失落，但更多的是对你的祝福和期待。祝愿你在新工作中一切顺利，事业蒸蒸日上。虽然我们要分别了，但我们的友谊会永远延续下去。

宴请领导
——举杯感恩，感谢有您伴我行

宴请领导时，怎么说，既不会有溜须拍马之嫌，又能把话说到对方的心坎里，拉近彼此之间的情感距离呢？

宴会主持人：

今天，我们在这里欢聚一堂，是为了庆祝×××项目的成功，同时也是为了感谢领导对我们公司的支持和帮助。在此，我祝愿领导身体健康，工作顺利，家庭幸福。希望领导在未来继续给予我们指导和支持，让我们携手共进，共创辉煌。

公司高层或部门负责人：

尊敬的领导，您一直是我们公司的灵魂和核心，您的智慧和决策引领着我们不断前进。未来，我们期待在您的领导下，公司能够继续蓬勃发展，取得更加辉煌的成就。让我们共同举杯，为领导的智慧和公司的未来干杯！

员工代表：

在×××领导的带领下，我们团队取得了丰硕的成果。无论是项目的成功交付，还是团队氛围的营造，都离不开领导的悉心指导和关怀。在此，我代表全体员工，向领导表示最诚挚的感谢和祝福，祝您身体健康、事业顺利、步步高升！

酒桌宝典

宴请领导祝酒词需包含的要点：

① 表达对领导或嘉宾的欢迎和荣幸之情。

② 回顾团队或公司在领导带领下取得的成就。

③ 对公司或团队的未来表达期望。

④ 强调在领导带领下，团队将继续努力。

⑤ 提议大家共同举杯，向领导表示敬意。

妙语佳句

（1）今朝有幸同欢宴，明朝共创辉煌篇。在这共度的三年时光里，我一直渴望能找个契机，与您深入交流，共饮一杯，分享心声。这不仅是我个人长久以来的心愿，我相信，也是今天在座的每一位同事的共同期待！

（2）今天，我们特此借这个美好的时刻，向您表达我们最深的感激之情！举杯共祝前程远，鸿图大展映日边。智慧如炬照四方，引领我们破浪前行。

（3）让我们共同举起手中的酒杯，期盼在领导的引领下，我们能够携手并进，再创更多佳绩！我先干为敬，领导，您请随意品酌！

迎接新领导
——事业有成，步步高升

场景再现

在迎接新领导的聚餐会上，如何措词，既能显得礼貌得体，又能巧妙地让新领导初步了解即将接手的新团队的情况呢？

身临其境

员工代表：

今天，我们满怀喜悦，齐聚一堂，共同迎接新领导的到来。在这个激动人心的时刻，作为团队的一份子，我很荣幸能够代表全体同仁，向新领导致以最热烈的欢迎和最真挚的祝福！

让我先为您介绍一下我们团队的风采：在过去的一年中，我们团队勇于革新，不断优化工作策略，面对挑战从不退缩，凭借着坚韧不拔的拼搏精神，屡次突破自我，取得了令人瞩目的优异成绩。

我们团队希望在新领导的带领下，共同开创更加辉煌的明天。我们知道，新领导的到来，将为我们团队注入新的活力，带来新的机遇，让我们在前进的道路上更加坚定有力。

最后，让我们举杯同庆，祝领导的事业步步攀升，一帆风顺！我们将全力以赴，支持您的工作！

酒桌宝典

迎接新领导祝酒词需包含的要点：

①　表达对新领导到来的热烈欢迎。

②　阐述团队成员对新领导的期待。

③　简要回顾团队在以往领导或共同努力下取得的成就。

④　明确表示团队成员对新领导的信任与支持。

⑤　向新领导及所有团队成员致以最美好的祝愿。

妙语佳句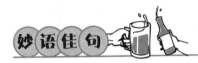

（1）非常荣幸能与您相识，并期待在日后的工作中得到您的悉心指导与关怀。您的到来为我们团队指明了新的方向，我相信，我们将会在您的带领下取得更加耀眼的成绩。

（2）过去的日子里，我们团队在挑战中不断前行，在困难中砥砺奋进，取得了诸多令人瞩目的成绩。但我们也深知，前方的道路依旧漫长且充满未知。而今天，您的到来，无疑为我们团队带来了新的希望，注入了新的活力。

（3）让我们共同举杯，为新领导的到来，为我们团队的未来，干杯！愿共饮此佳酿，春风得意马蹄扬。

新员工入职
——因缘相聚，为梦同行

在新员工入职聚餐会上，大家怎么说，既能展现热情友好，又能促进相互了解，拉近彼此的距离呢？

新员工：

加入这个大家庭，对我来说，是一个全新的开始，也是一个期待已久的机遇。今天，当真正成为其中的一员，我更加确信，这里将是我实现职业梦想与个人成长的最佳平台。

同事代表：

海内存知己，天涯若比邻。感谢这位志同道合的伙伴与我们携手并进，共创辉煌。酒逢知己饮，诗向会人吟，让我们举杯同庆，祝愿你在新的岗位上如鱼得水，事业有成，前程似锦，更上一层楼！

领导：

让我们举杯共饮，不仅是为了庆祝×××的加入，更是为了庆祝我们团队的又一次壮大。愿这杯酒能成为我们友谊的桥梁，让我们的关系更加紧密，合作更加顺畅。

酒桌宝典

新员工入职祝酒词需包含的要点：

① 员工本人表达日后相处融洽、互相帮助、互相配合的决心。

② 同事代表表达对新同事加入的欢迎。

③ 领导为初次相聚和未来的合作干杯。

妙语佳句

（1）员工本人：在未来的日子里，我们将一起面对挑战，一起分享成功的喜悦。我相信，在座的每一位都怀揣着对工作的热爱和对成功的渴望，都拥有着独特的才华和无限的潜力。

（2）同事代表：今晚，我们因共同的梦想和追求而聚在一起，迎来了这次意义非凡的初次见面。酒满敬新人，未来共奋进，干杯！

（3）领导：让我们举杯共饮，为了今晚这难得的相聚，为了我们之间即将绽放的友谊之花，还有那些我们共同憧憬的未来和梦想，干杯！

团队庆功宴
——扶摇直上九万里

场景再现

团队庆功宴上，各位发言人应该怎么说，既能分享喜悦的心情，又能肯定团队为成功付出的努力呢？

身临其境

领导：

在完成这次项目的过程中，大家紧密配合、无缝衔接，共同克服了一个又一个技术难关，最终使项目赢得了甲方的高度赞誉和圆满成功。

感谢大家的并肩作战，让我们继续携手携手同行，再创佳绩！

员工：

期待在未来的日子里，大家能够继续秉承团队精神，锐意进取，勇于创新，满怀激情地投入到每一项工作中，携手推动公司迈向更加辉煌的明天！来！让我们共同举杯，为公司的辉煌未来干杯！为大家的精彩明天干杯！

酒桌宝典

团队庆功宴祝酒词需包含的要点：

① 对团队的辛勤付出表示由衷的感谢。

② 简要回顾团队近期取得的显著成就。

③ 分享自己在项目过程中的感悟。

④ 描绘团队未来的发展方向与目标。

⑤ 以举杯共庆的方式结束祝酒词。

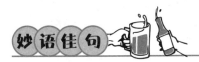**妙语佳句**

（1）领导：在今天这场庆功宴上，我的脑海中依然清晰浮现出你们夜以继日、辛勤加班的身影。这个项目无疑是我们近期最具挑战性的任务，而你们所展现出的敬业精神与不懈努力，深深地触动了我。今夜，你们都是团队的英雄！

（2）员工：在此，我想对所有同事说：感谢你们的陪伴与努力，是你们的支持与鼓励，让我感受到了团队的力量，也让我相信，只要我们心往一处想，劲往一处使，就没有克服不了的困难，没有达不到的目标。

优秀员工颁奖
——岁月不居，天道酬勤

场景再现

在优秀员工颁奖宴上，各位发言人要怎么说，既能表达祝贺之意，又能展现个人风采，同时传递团队精神和美好祝愿呢？

身临其境

领导：

今晚，我们庆祝的不仅仅是一个奖项，更是庆祝我们团队中这种追求卓越、勇于创新的精神。我希望，×××的成就能够激励在座的每一位同事，让我们都能以更高的标准要求自己，不断挑战自我，追求卓越，共同推动公司向更高的目标迈进。

员工：

手握着这个沉甸甸的"优秀员工"奖杯，我的心中充满了无比的感激与激动。请允许我向一直以来给予我无私指导与支持的领导们表示最深的敬意，向与我并肩作战、风雨同舟的同事们致以最诚挚的感谢。

酒桌宝典

优秀员工颁奖祝酒词需包含的要点：

1. 领导对员工的优秀表示认可。

2. 领导借此事激励在场其他员工。

3. 员工感谢公司领导和同事们的认可和支持。

4. 员工回顾过去工作上经历的挑战和困难。

5. 员工将以更加饱满的热情继续投入到工作中。

妙语佳句

（1）领导：今晚，我们共同见证并表彰一位在工作中表现卓越、贡献突出的优秀员工×××。我非常荣幸地站在这里，代表公司管理层，向×××颁发奖杯，这既是对你过去一年所取得成就的高度认可，也是对我们全体同仁辛勤工作的鼓舞和激励。

（2）员工：衷心感谢公司领导和同事们对我的认可和支持。这份荣誉不仅是对我个人工作的肯定，更是对我们整个团队努力的认可。回顾过去的工作，我经历了许多挑战和困难，但正是这些经历让我不断成长和进步。

欢送同事出国
——广阔天地，大有作为

场景再现

　　欢送同事出国，大家要怎么说祝酒词，既能表达深厚情谊，又能展现积极祝福呢？

身临其境

同事：

　　在这个特别的夜晚，我们举杯共祝，不仅是为了庆祝你将踏上一段全新的旅程，更是为了感谢过去的日子里，你带给我们的欢笑、智慧与无尽的鼓励。你的离开，让我们的办公室少了一份熟悉的声音，但你的足迹，将在世界的每一个角落绽放光彩。愿你在异国他乡，遇见更广阔的天空，遇见更精彩的自己。这杯酒，承载着我们最深的祝福，愿你前程似锦，归来仍是少年！

领导：

　　今天，我们在此举杯，不仅是为了告别，更是为了祝福。为×××的海外之旅平安顺利、早日凯旋而干杯！衷心祝愿他在未来的国际事业征途上，一帆风顺，成就辉煌！

酒桌宝典

同事出国祝酒词需包含的要点：

①表达对同事的祝福与不舍。

②祝愿同事出国旅途平安。

③期待同事早日归来。

④对同事的事业发展表示祝愿。

⑤以诚挚的情感和美好的祝愿结束祝酒词。

妙语佳句

（1）同事：在这离别的时刻，我们不说再见，只说"一路顺风"。这杯酒，是我们对你美好未来的祝愿，也是我们不变友谊的见证。无论身在何方，愿你保持初心，勇敢追梦，而这里，永远有你的家。期待不久的将来，能听到你更多精彩的故事，分享你更多的成功与喜悦。

我谨代表公司全体同仁，向即将踏上国际旅程的×××同事，表达我们最深切的感激之情。

（2）领导：让我们共同举杯，为×××的美好未来，为他的勇敢与决心，为我们的友谊与团结。愿你在海外的学习与工作中，收获知识，结识挚友。记住，距离不是问题，心与心的距离才是最珍贵的。干杯！

领导年终总结宴
——再接再厉，共创辉煌

在公司的年终总结大会上，作为公司领导，该如何措词，既能感谢大家在过去一年努力取得的佳绩，又能激发大家在新的一年里继续奋发向前呢？

领导：

各位同仁，今日我们欢聚一堂，回首过去一年的风雨兼程，心中满是感慨与自豪。

古人云："千淘万漉虽辛苦，吹尽狂沙始到金。"正是大家的不懈努力和辛勤付出，才铸就了今日的辉煌成绩。在此，我代表公司，向每一位同仁表示最诚挚的感谢和最高的敬意！展望新的一年，愿我们"长风破浪会有时，直挂云帆济沧海"，继续携手并进，共同开创公司更加美好的未来。让我们举杯同庆，为过去一年的佳绩喝彩，更为新的一年里再创辉煌而干杯！

酒桌宝典

领导年终总结大会祝酒词需包含的要点：

① 表达对在座宾客的热烈欢迎与诚挚问候。

② 概括公司或个人在过去一年中的主要成就与亮点。

③ 对给予支持和帮助的领导、同事、合作伙伴等表达感谢。

④ 简述对公司／个人未来的规划与期望。

⑤ 向在座每一位送上新年祝福。

妙语佳句

（1）不知不觉中，我们又到了一年展示收获的时刻。感谢大家过去一年的风雨兼程，勇往直前。希望来年我们继续上下一心，共创辉煌！

（2）回望过去的一年，我们成功推进了多个关键项目，不仅实现了业务的稳步增长，更在技术创新、团队建设、客户服务等领域取得了突破性进展。这些成绩的取得，离不开每一位同仁的辛勤付出，也离不开我们合作伙伴的鼎力支持。在此，我要向你们致以最崇高的敬意和最衷心的感谢！

（3）这里，我衷心祝愿在座的每一位身体健康、家庭幸福、事业有成！让我们共同举杯，为过去一年的取得的成就干杯，更为我们即将共同创造的美好未来干杯！

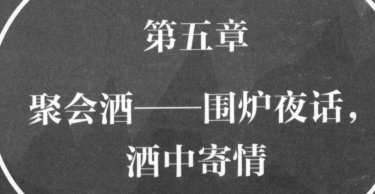

第五章

聚会酒——围炉夜话，
酒中寄情

同学聚会
——岁月不老，我们不散

场景再现

在充满温情与回忆的同学聚会上，作为同学代表，究竟要如何构思祝酒词，既能深情回顾往昔岁月，又能满怀激情地展望未来，鼓舞在座的每一位同学的心灵呢？

身临其境

同学代表：

岁月匆匆，我们已不再是当年那个青涩的少年。尽管心中或许仍怀揣着对青春的留恋，但现实却提醒我们已步入人生的新阶段。

今日，我们难得地再次相聚，这份相聚的珍贵，不仅在于重温过去的记忆，更在于彼此间的情感交流与共鸣。在此，我要向每一位远道而来、积极参与此次聚会的同学表示由衷的感谢与敬意。

让我们共同举杯，为这份历经岁月考验的同学情谊致敬。愿我们在未来的日子里，无论身处何方，都能保持这份真挚的情感，相互扶持，共同前行！

酒桌宝典

同学聚会祝酒词需包含的要点：

① 感谢大家能在百忙之中抽空参加此次聚会。

② 回顾学生时代的点点滴滴。

③ 感慨岁月如梭，表达对大家现状的认可。

④ 对未来充满期待，鼓励大家继续勇往直前。

⑤ 向每位同学及家人致以最诚挚的祝福。

妙语佳句

（1）时光荏苒，转眼间数十个寒暑悄然流逝，今天我们又重聚在一起，一同回味那段洋溢着书卷气息与青春梦想的日子。让我们把酒言欢，期待下次的重逢！

（2）青春不散场，友谊永长存。大家能在百忙之中抽空前来赴会，说明即便岁月流转，我们之间的思念与牵挂依旧炽热如初，未曾淡去，那就让我们为不朽的友谊干杯吧！

（3）愿我们各自在事业上攀登高峰，收获满满；愿生活中我们都能享有健康与幸福的美好时光！此刻，让我们举杯，为这份珍贵的同学情谊，为今晚的难忘相聚，干杯！

师生聚会
——桃李满天下，栋梁遍人间

场景再现

在师生聚会的温馨时刻，大家如何措词，既能让自己的祝酒词更加饱含深情、丰富多彩，又能触动每一位在场人的心弦呢？

身临其境

老师：

回想起那些年在校园里的日子，有你们青春的脸庞，有求知若渴的眼神，有课堂上思维碰撞的火花，还有操场上挥洒汗水的身影……这一切，都如同一幅幅生动的画卷，深深地镌刻在老师的记忆之中。

在此，让我们举起酒杯，为师生情谊的深厚与长久，为过去的美好时光，为现在的相聚欢愉，更为每一个充满希望的明天！干杯！

学生：

岁月悠悠，师恩难忘。转眼间我们已从青涩少年成长为社会的中坚。今天，让我们用这杯酒，向那些年无私奉献、默默支持我们的老师们致以最崇高的敬意。愿这杯中之物，能承载我们对老师们最美好的祝愿，愿你们身体健康，桃李满天下，幸福绵长。

酒桌宝典

师生聚会祝酒词需包含的要点：

① 老师向在座的每一位同学致以亲切的问候。

② 学生分享一些印象深刻的课堂瞬间。

③ 感慨学生们从青涩少年成长为如今的社会栋梁。

④ 向每位同学致以最诚挚的祝福。

⑤ 表示愿意继续作为大家的朋友和导师。

妙语佳句

（1）老师：无论你们现在身处何方，从事着怎样的职业，都请记得，母校永远是你们温暖的家，老师永远是你们坚强的后盾。

让我们举杯，为这份珍贵的师生情谊，为今天的相聚，更为我们共同的未来，干杯！

（2）学生：在我们漫长而曲折的成长之路上，老师不仅在学业上对我们严格要求，耐心指导，更在生活的点点滴滴中，呵护着我们的成长，教会了我们如何面对困难，如何珍惜友谊，如何勇敢地追寻梦想。老师，您是我们成长道路上的引路人，更是我们心灵深处最坚实的依靠，愿您桃李满天下，栋梁遍人间。

老乡聚会
——乡音未改，情谊犹在

在老乡聚会的温馨场合，究竟该如何措词，既能让祝酒词更加饱含深情、语言丰富，又能触动每一位在座老乡的心弦，引发大家的共鸣呢？

老乡聚会组织者：

请允许我代表本次聚会的组织者，向远道而来、不辞辛劳参加此次聚会的每一位老乡表示最热烈的欢迎和最诚挚的感谢！你们的到来，让这个场合充满了家的温暖和浓浓的乡音。

让我们用这杯酒，来敬那份对故乡的眷恋、对乡情的牵挂！

老乡代表：

今天这样一个难得的机会，让我们欢聚在一起，重温那份久违的家乡情怀，互道诚挚的祝福。即便身处遥远的他乡，只要我们以真心相待，这份情谊便如同细水长流，日渐深厚。

酒桌宝典

老乡聚会祝酒词需包含的要点：

① 向在座的各位老乡致以亲切的问候。

② 强调无论岁月如何变迁，故乡的情结始终如一。

③ 表达对故乡的深厚感情。

④ 希望老乡们能够继续保持联系。

⑤ 向在座的每一位老乡及其家人致以最诚挚的祝福。

妙语佳句

（1）感谢缘分让我们重逢，感谢生活让我们成长，更感谢这份不变的乡情，让我们在人生的旅途中，总有一处温暖的港湾可以停泊。

（2）我要向每一位远道而来、心怀故土的老乡，送上我最真挚的祝福。愿这难得的相聚，成为我们心中永恒的美好记忆；愿我们的友谊如同这秋日的硕果，历经时光的酝酿，愈发醇厚甘甜。让我们举杯同庆，为这份难得的乡情，为彼此的健康与幸福，干杯！

（3）让我们暂时放下生活的重担，忘却工作的烦恼，尽情享受这份难得的相聚时光。让我们举杯同庆，为我们的友谊干杯，为我们的乡情干杯，更为我们共同的美好未来干杯！

战友聚会
——一别多年，共忆峥嵘岁月

场景再现

战友聚会上，怎么说，既能唤起大家对往昔峥嵘岁月的共同记忆，又能传达出对战友深情厚谊的珍视呢？

身临其境

聚会组织者：

今天，我们能在这美好的时刻欢聚一堂，共同纪念那些铭刻心间的日子，我感到无比荣幸。在此，我郑重地向在座的每一位战友致以最崇高的军礼，愿我们的友情如酒般甘醇，如歌般悠扬。

战友：

回想起那些朝夕相处、荣辱与共的日子，我们结下了深厚的战友情谊。训练场上的汗水、宿舍里的整齐、食堂里的欢笑、联欢会上的掌声、检阅场上的雄姿，都是我们青春的记忆，也是我们永远的骄傲。

此刻，让我们共同举杯，将心中的祝福化作杯中美酒，祝愿各位战友工作顺利、万事如意！祝愿我们的军队更加强大、战无不胜！祝愿我们的祖国繁荣昌盛、明天更美好！干杯！

酒桌宝典

战友聚会祝酒词需包含的要点：

① 向在座的战友致以最诚挚的问候和欢迎。

② 深情地唤起大家对共同度过的军旅生涯的回忆。

③ 强调战友情谊的珍贵和不可替代性。

④ 鼓励战友们在新的人生阶段中继续努力。

⑤ 提议大家为自己、为战友、为国家举杯同庆。

妙语佳句

（1）望着这一张张历经岁月却依旧亲切的脸庞，我的思绪不禁飘回了 20 年前。那时，我们满怀憧憬与梦想，身着崭新的军装，胸前佩戴着鲜艳的大红花，在激动与自豪中踏上了军旅征程。那段军旅生涯，如同一本厚重的日记，记录着我们的欢笑与泪水，也见证了我们的成长与蜕变。

（2）在绿色军营里，我们共同度过了人生中最宝贵的时光。我们为了同一个目标而奋斗，为了祖国的安宁和人民的幸福而携手并肩。愿我们永远保持着这份信念，愿我们的友谊坚不可摧。

（3）让我们在这一刻，将杯中的美酒化作无尽的祝福，不仅为今日的相聚而欢庆，更为我们明日各自的辉煌而祈福！

社团聚会
——心存美好，微笑前行

场 景 再 现

社团聚会上，各位发言人如何说，既能表达对每位成员贡献的认可与感激，又能激励大家继续携手前行，共同为社团创造更多价值呢？

身 临 其 境

社团负责人或主席：

各位社团的伙伴们，在这难得的相聚时光里，让我们暂时放下手机，远离网络的纷扰与尘世的喧嚣，敞开心扉，抛开拘束，以最真挚的情感，最热烈的态度，共同享受这场属于我们的欢聚。

社团骨干：

在社团这个大家庭里，我们不仅学会了如何合作，更学会了如何相互支持、相互鼓励。我们共同分享成功的喜悦，也一起面对困难的挑战。这份深厚的情谊，将永远铭刻在我们的心中。

在此，我要向每一位为社团付出过努力的成员表示最衷心的感谢。是你们的坚持和付出，让我们的社团更加团结、更加有力量。最后，让我们举杯同庆，为我们的友谊干杯，为我们的社团干杯！

酒桌宝典

社团聚会祝酒词需包含的要点：

① 对参加聚会的所有成员表示热烈的欢迎。

② 回顾社团一年（或特定时期）来的主要活动和成就。

③ 对在社团活动中表现突出的个人或团队进行表彰。

④ 分享社团未来的发展规划和目标。

⑤ 共同祝愿社团的明天更加美好。

妙语佳句

（1）在这个温馨的社团大家庭中，我们不仅相互学习，携手共进，更在彼此的陪伴下分享生活的喜悦与忧愁。社团不仅赋予了我们深厚的友情，更让我们在实践中收获了宝贵的经验与知识。

（2）在此，我要向社团的每一位成员致以最诚挚的感谢。正是你们用热情与才华点亮了社团的每一个角落，才铸就了我们今天这个优秀而团结的集体。

（3）让我们举杯共庆，为我们的成长喝彩，为我们的快乐加油，更为我们社团的蓬勃发展祝福！愿我们的社团越来越好！愿我们的友谊地久天长！

朋友聚会
——白日放歌须纵酒

朋友聚会上，怎么说，既能传达深情厚谊，又能点燃现场氛围，让大家都感受到温馨与欢乐呢？

聚会组织者：

如今，我们或许各自忙碌，但请相信，友情从未因距离而淡漠。每当翻看旧照，心中总会涌起对大家的思念与关切。我相信，不论未来三年、十年，我们友谊都将历久弥新、炙热坦诚！

重要朋友：

我要特别感谢组织者，为我们精心策划了这次聚会，让我们有机会再次重逢。同时，我要向每一位在座的朋友表示最深的感谢和敬意。愿我们的友谊长存，愿大家尽享此刻的幸福快乐！

新朋友或初次参加者：

大家好，我是今晚的新面孔，非常感谢组织者和其他朋友的邀请，让我有机会加入这个温馨的大家庭。虽然我是初次参加这样的聚会，但我已经感受到了大家的热情和友好。愿大家今日无憾，明日无忧，你我皆好。

酒桌宝典

朋友聚会祝酒词需包含的要点：

①对朋友们的到来表示欢迎和感谢。

②回顾与朋友们共同度过的美好时光。

③直接而真诚地表达对朋友们的感激之情。

④对朋友们的未来寄予美好祝愿。

⑤为了友谊、为了美好的回忆、为了更美好的未来干杯。

（1）这次小聚，就像是一杯热气腾腾的美酒，让我的心情变得愉快而放松。

（2）朋友们，你们在我心中，就如同最亲密无间的兄弟姐妹。我们一起度过了无数疯狂而欢乐的时光，无论是球场上的挥洒汗水，还是歌声中的尽情释放，亦或是那些无拘无束的"逛吃"之旅，我们总能找到共鸣，享受其中的乐趣。有你们相伴，我感受到了满满的幸福与温暖。

（3）遇见你们，是我近年来最为宝贵的收获。愿我们一起前行，拥抱绚丽的人生，笑看人间苦与愁，不惧将来，活在当下。

第六章

励志酒——酒酣志昂，
奋斗同行

安慰鼓励
——保持热爱，奔赴山海

场景再现

朋友职场失利或生意场上不如意，作为好友，怎么说，既能给予他安慰和鼓励，又能激发他重新找回自信和动力呢？

身临其境

朋友代表：

真正的成功，不在于职位的高低，而在于你是否能够充分发挥自己的才华，赢得他人的尊重与认可。我们的朋友×××，你平日里的卓越表现，已足以证明你的能力与价值，这是任何人都无法抹去的事实。

人生如海，广阔无垠，每个人都有属于自己的航道与使命。或许此刻，你正面临风浪，但请相信，每一次挑战都是成长的契机，每一次逆境都是铸就辉煌的基石。

今晚，让我们举杯，不为遗憾，只为希望；不为失落，只为梦想。愿这杯酒，饮尽所有的一言难尽，成为你前行路上的力量源泉！

酒桌宝典

安慰鼓励祝酒词需包含的要点:

① 表达对朋友的深厚情谊和珍视。

② 回顾并肯定朋友在事业或生活上的成就。

③ 表达对朋友未来成功的坚定信念。

④ 表达对朋友事业发展的期望。

⑤ 提议大家为友谊、为梦想、为未来干杯。

妙语佳句

（1）人生就像海洋，有时平静，有时波涛汹涌。现在遇到的风浪，正是让你学会乘风破浪的好时机。喝了这杯酒，家顺人顺万事顺，好运滚滚来。

（2）上天赋予每个人的道路都是独特的，它或许曲折，或许充满未知。不管经历如何，只要你和家人幸福健康，这就是最好的，也是最幸福的。

（3）逆境不是终点，而是通往更高处的阶梯。我们期待着，有朝一日，你能拥有更加耀眼的成就。干杯，为友谊，为信念，为×××（朋友姓名）无限可能的未来！

创业励志

——风华正茂，雄心壮志成大业

在朋友创业宴上，作为好友代表，该如何措词，既能鼓舞朋友勇于创新、大胆开拓，又能明确表达自己愿意在必要时提供支持与陪伴呢？

朋友：

今晚我们在这里举杯共饮，不仅是为了庆祝×××勇敢地踏上了创业的征途，更是为了表达我们对×××的由衷敬佩和坚定支持。

回顾过去，你以坚韧不拔的精神和勇于探索的勇气，为我们树立了榜样。展望未来，我们坚信你能够克服一切困难，实现自己的创业梦想。

在此，我代表所有朋友，承诺将全力支持你的创业之路，与你共同面对挑战，分享喜悦。让我们举杯，助你扶摇直上九万里，事业长虹节节高，干杯！

酒桌宝典

创业励志祝酒词需包含的要点：

① 对朋友的创业决定表示热烈的祝贺和由衷的认可。

② 肯定朋友过去的创业之路奠定了坚实的基础。

③ 鼓励朋友勇往直前。

④ 明确表示将全力支持朋友的创业之路。

⑤ 提议大家为朋友的创业梦想干杯。

妙语佳句

（1）创业，是一场关于梦想与现实交织的壮丽征程，是一场心灵的远征，是对自我极限的不断探索，是在未知与困难中寻找光明的勇敢行为。愿你顺风顺水顺财神，前程似锦，未来可期。

（2）朋友，愿你不负好时光，勇敢向前！我们在这里，是你最坚实的后盾，无论风雨变换，始终与你同行。

（3）今晚，让我们举杯，不为过去的成就，而为未来的无限可能；不为眼前的安逸，而为远方的辉煌梦想。愿这杯酒，成为你创业路上的一抹温暖光芒，照亮你前行的道路，给予你力量与勇气。

工作鼓励
——一帆风顺，前程似锦

朋友 / 同事在工作上遇到瓶颈，怎么说，既能委婉开导、劝慰对方，又能鼓励他们从中吸取教训、积极面对并寻求改进的方法呢？

朋友 / 同事：

在这个温馨而轻松的聚会上，我们围坐一起，分享着彼此的故事与笑容，这份难得的相聚总能给予我们无限的能量与温暖。

我想说，人生就像一场马拉松，途中难免会遇到坎坷与波折。常言道：好过歹过都是过，只要心情还不错。工作中的瓶颈，不过是漫长赛道上的一块小石子，它或许会暂时绊倒我们，但绝不会阻挡我们前进的步伐。

那就让我们共同举杯，今日有酒今日醉，每天过的不疲惫。用这杯酒，洗去你心中的疲惫与忧虑，为你拂去尘埃，迎接一个崭新的、充满无限希望与机遇的明天。

酒桌宝典

工作鼓励祝酒词需包含的要点：

① 对朋友／同事遇到的瓶颈表示理解和同情。

② 指出考验是成长的一部分。

③ 肯定他／她过去的贡献和价值。

④ 明确表达团队对同事的信任和支持。

⑤ 对同事的未来表示乐观和期待。

妙语佳句

（1）每一次失败都是成长的催化剂。它让我们更加坚韧，更加懂得珍惜成功的滋味。你的能力我们都有目共睹，你的努力与付出，团队里的每一个人都看在眼里。愿你心情如阳光般灿烂，未来无限可期！

（2）在这个特别的时刻，我们不仅仅是为庆祝成功而举杯，更是为了那些在挑战中不屈不挠、勇于面对困难的精神而干杯。让我们为×××加油，相信他能够迅速调整状态，以更加饱满的热情和更加专业的态度，迎接接下来的每一个挑战。

（3）在这个特别的时刻，让我们共同举杯，为×××的勇敢前行，为我们的团队精神，为每一个即将到来的机遇和每一次努力的回报，干杯！

感情失落
——不说永远，只谈珍惜

面对朋友感情上的困扰，怎么说，既能表达你的同情，又能鼓励他们从经历中获得成长，更加坚强呢？

朋友：

失恋，不过是生命中的一段小插曲，它让爱情的旋律更加丰富多元。将它视为爱情路上的风景，你会发现，经历过风雨的爱情，将更加坚韧，更加绚烂。它让你更加清晰地看见对方，也看清了自己，引导你走向内心真正的渴望。

我们都知道，你是个坚强的人，也是个重感情的人。但别忘了，人生不可能总是一帆风顺，有时候，要学会放手。那些不开心的事儿，就让它随风而去吧。

人生百味，唯有健康快乐最贵，其他都是锦上添花。愿你早日走出失恋的阴霾，迎接更加美好的明天！干杯！

酒桌宝典

感情失落祝酒词需包含的要点：

① 表达对朋友失恋的同情和理解。

② 强调失恋是让人成长、成熟的一种经历。

③ 鼓励朋友放下过去，勇敢向前看。

④ 表示在困难时刻会给予对方支持和陪伴。

⑤ 祝愿他／她早日走出困境，迎接新的幸福。

妙语佳句

（1）当局者迷，任何一段感情的发展都是不可预知的。即使最后失败了，也是一段可贵的经历，它多少能带给你些感悟。过去成就现在，当下决定未来，愿你一杯解千愁，万事顺意。

（2）喝多不是目的，开心才是王道。有句老话说得好，"爱过了就不要后悔"。今天，有这么多朋友围坐你身边，将陪伴你走过失恋的阴霾，帮助你找到昔日的笑容与幸福。

（3）人生大笑能几回，让我们把酒言欢，祝愿我们的朋友在爱情的路上越走越宽，每天都开心快乐。干杯！

健康恢复
——平平安安，健健康康

朋友战胜病魔、康复归来，怎么说，既能表达喜悦和欣慰，又能鼓励他继续以乐观的心态面对生活，珍惜健康的每一天呢？

朋友：

恭喜你战胜了病魔，终于迎来了这美好的一天！你的康复是上天最好的安排，愿未来的日子里，健康与你同行，笑容常挂嘴边。

经历了风雨，终见彩虹。你的康复让我们所有人都松了一口气，更为你感到骄傲。愿幸福和健康永远伴随你左右。

生命因坚韧而美丽，你用行动诠释了这一点。欢迎回到我们中间，愿你的每一天都充满阳光，健康常伴，快乐相随。

愿这次经历成为你人生中的一块宝贵基石，让你更加珍惜健康，拥抱每一个美好的明天；愿这份坚强继续指引你前行，生活中处处是美好的风景。

我们会一直在你身边，为你加油鼓劲。干杯！

酒桌宝典

健康恢复祝酒词需包含的要点：

① 表达对朋友或亲人健康状况的关切。

② 简要回顾朋友在康复过程中经历的艰难时刻。

③ 强调健康对每个人来说都是最重要的财富。

④ 希望朋友未来能够继续保持健康。

⑤ 为朋友的健康、幸福和未来送上最美好的祝愿。

妙语佳句

（1）祝贺你战胜病魔，迎来了健康的曙光。今晚，让我们共同举杯，为你的康复，献上最真挚、最热烈的祝福！

（2）你的坚韧与乐观，如同夜空中最亮的星，照亮了前行的道路。你的勇敢，不仅是自己的胜利，更是对我们所有人的一次深刻启示——在困难面前，只要心怀希望，就没有克服不了的难关。

（3）欢迎你回来，回到我们这个充满爱与欢笑的大家庭，愿你的新生活充满爱与希望，每一个明天都比今天更加精彩。来，让我们共同举杯，为你的健康，为你的未来，干杯！

第七章

商务酒——把酒言欢，商海同行

答谢客户
——并肩作战，勇往直前

答谢客户宴会上，各位发言人怎么说，既能表达诚挚的感谢，又能展望未来的合作前景，同时营造温馨和谐的氛围呢？

领导：

我们以最真诚的感谢、最真挚的祝福在这里举办客户答谢宴。我代表××科技公司向一直给予我们支持和厚爱的新老客户表示谢意，用这杯酒，祝大家在新的一年里身体健康、工作顺利、生意兴隆、万事如意！

员工代表：

每一次的合作，都是一次心灵的交汇；每一次的信任，铸就了我们之间的坚固桥梁。感谢你们一直以来的陪伴与支持，过往的合作非常愉快，往后的合作将会更加美好。让我敬大家一杯，祝愿大家鹏程万里，四季发财！

客户代表：

每一次与贵公司的合作，都让我们深刻感受到了"客户至上"的真谛。这杯酒，祝大家生活越来越好，事业一路小跑。干杯！

酒桌宝典

答谢客户祝酒词需包含的要点：

① 领导对公对新老客户表示感谢。

② 员工代表感谢合作伙伴一直以来的陪伴与支持。

③ 客户代表表达对合作公司的认可。

 **妙语佳句**

（1）领导：在这星光璀璨的夜晚，我们相聚一堂，不仅是为了庆祝过去的成就，更是为了展望未来更多的合作机遇。让我们举杯，为友谊与合作干杯，愿我们的合作之路越走越宽广！

（2）员工代表：岁月流转，情谊长存。感谢每一位客户，是您的信任与陪伴，让我们的团队不断成长。现在，让我们以最诚挚的心，为这份珍贵的合作关系举杯，愿我们的合作如同美酒，越陈越香！

（3）客户代表：在商业的海洋中，能够遇到像贵公司这样优秀的合作伙伴，是我们莫大的荣幸。让我们举杯，为这份难得的缘分干杯，愿我们的合作如同今晚的星空，璀璨夺目，无限美好！

展览会开幕

——展望未来，共创辉煌

展览会开幕祝酒词，各位发言人怎么说，既能彰显活动的意义，又能调动现场气氛呢？

身临其境

主办方代表：

喜悦随汗水，成功伴艰辛。我们团结拼搏，共同探索行业的无限可能。希望大家在今天的晚宴上尽情享受美食，结交朋友，拓展人脉圈。愿这场展览会成为我们携手共进、共创辉煌的起点！

参展商代表：

让我们共同举杯，为此次展览会给我们带来的宝贵机遇，为每一位参展商的精彩呈现，为行业的繁荣发展，干杯！愿我们在接下来的几天里，收获满满，友谊长存！

赞助商代表：

赞助不仅是一份责任，更是一份对行业的热爱和对未来的期许。我们坚信，通过本次展览会，不仅能够促进各行业之间的交流与合作，更能够推动整个行业的创新与发展。愿我们一路同行，为行业的发展贡献自己的力量。

酒桌宝典

展览会开幕祝酒词需包含的要点：

① 主办方代表感谢参与者的到来。

② 协办方代表感谢主办方的邀请和信任。

③ 参展商代表感谢客户的支持。

④ 赞助商代表表达对行业未来的期许。

妙语佳句

（1）主办方代表：我坚信，本次展览会将在促进该领域技术革新及经济贸易的蓬勃发展中发挥不可或缺的积极作用。在此，我衷心祝愿各位嘉宾能够共享这个美好的夜晚，愉快交流，收获满满。

（2）参展商代表：展览会不仅是产品和技术的展示窗口，更是我们与行业同仁面对面交流、寻求合作机会的重要场合。在这里，我们将尽情展示我们的最新产品和技术，分享我们的创新理念和解决方案，希望能够得到大家的认可和喜爱。

（3）赞助商代表：我想借此机会向在座的每一位嘉宾表示衷心的感谢。是你们的支持和参与，让这次展览会变得更加精彩和有意义。让我们共同举杯，为×××展览会的成功开幕干杯！

公司年会
——使命在肩，开拓进取

在公司年会上，各位发言人怎么说，既能在向员工表达谢意的同时，又能给大家带去更大的信心和希望呢？

身临其境

领导：

回顾刚刚过去的一年，在各部门的努力下，公司销售额比去年整整翻了一倍！这一切都得益于大家勤恳务实的态度、精益求精的匠心精神、高效的工作方法，以及忠诚合作的团队精神。在此，我代表公司，向大家致以最深的敬意与感激：谢谢你们的辛勤付出与不懈坚持，是你们让这一切成为可能！

员工：

在这个辞旧迎新的美好时刻，我很荣幸能够作为员工代表站在这里，和大家一起分享这一年的喜悦与收获。请允许我代表全体员工，向一直以来给予我们关心、支持和帮助的领导们表示最诚挚的感谢！同时，也向辛勤工作、默默奉献的同事们致以最崇高的敬意！

酒桌宝典

公司年会祝酒词需包含的要点：

① 领导感谢全体员工的辛勤付出和无私奉献。

② 领导分享公司未来的发展战略和规划，明确目标和方向。

③ 员工分享自己在工作中的成长经历。

④ 员工代表对领导的指导和同事的支持表示感谢。

妙语佳句

（1）领导：回望过去，我们自豪满满；展望未来，我们信心百倍。新的一年里，衷心希望大家保持勇往直前、积极进取的精神。有大家的持续努力和支持，新的一年，我们的事业必将更加兴旺！现在，我提议：为了大家的健康和工作顺利，为了明年我们再创佳绩，干杯！

（2）员工：喜悦伴随汗水，成功伴随艰辛。不知不觉间，我们已走到这一年的尽头。过去的一年里，尽管曲折，但在全体同仁的共同努力下，公司依然攀上了新的高峰。我坚信，新的一年，公司定将更加强盛。

工作会议
——求知务实，不断提高

在工作会议晚宴上，发言人如何致词，既能回顾工作内容，又能恰到好处地表达对合作单位或部门的感激之情呢？

身临其境

领导：

经过一天紧张的工作，会议已圆满完成了各项议程。今天召开会议，我们确定了主题，理清了工作思路，达成了基本共识。会议结束后，各项工作将全面展开。希望各部门再接再厉，在今后的工作中加强沟通，密切合作。

员工代表：

期望各位能紧密围绕本次会议的部署要求，结合自身实际情况，深入学习与借鉴先进经验和成功做法，勇于开拓创新，以创造性的思维和方法开展工作，确保我们能够高效、圆满地完成各项既定的工作任务。

酒桌宝典

工作会议晚宴祝酒词需包含的要点：

① 领导向在场员工表示感谢。

② 领导简要回顾过去一年或一段时间内的工作亮点和成就。

③ 领导分享公司或部门的发展规划和愿景。

④ 员工代表感谢领导的指导和支持。

⑤ 员工代表鼓励大家保持积极的态度，迎接新的挑战和机遇。

妙语佳句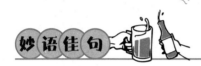

（1）领导：这次会议回顾总结了去年的各项工作成果，深入分析了当前形势与挑战，全面部署了新一年的工作任务，同时也为我们的工作提供了一个互相学习、交流经验、取长补短、共同进步的平台，使我们能够彼此借鉴、互补短板，共同进步。

（2）员工代表：过去一年里，我们的工作取得了一定的成绩，这些是大家共同努力的结果，但我们在看到成绩的同时，也要清醒地看到自身的不足，及时改进，不断提高。

招商引资
——有朋友自远方来，不亦乐乎

招商宴会上，地方政府官员怎么说，既能展现地方优势，又能激发投资者兴趣，同时传达出诚挚的合作意愿呢？

身临其境

地方政府官员：

金樽美酒迎贵宾，商机无限共谋进。在这个星光熠熠的夜晚，让我们共同举杯，为未来的合作与发展，开启一段新的征程。

回望过去，我们与众多优秀企业建立了深厚的合作关系，共同见证了无数项目的落地生根、开花结果。从高端制造业的崛起，到现代服务业的蓬勃发展；从科技创新的突破，到城市面貌的日新月异，每一步都凝聚着我们的共同努力与汗水。这些成果，不仅为×××市的经济社会发展注入了强劲动力，也为各位投资者带来了丰厚的回报。

现在，让我们共同举杯，为我们携手共创的美好未来干杯！愿我们的友谊长存，合作之花永远绽放！

酒桌宝典

招商引资祝酒词需包含的要点：

① 向在座的每一位企业家、投资者致以最热烈的欢迎。

② 回顾既往合作成果。

③ 讲述投资环境的优越。

④ 展望合作前景。

⑤ 承诺提供强有力的政策支持。

妙语佳句

（1）我代表×××市，向在座的每一位企业家、投资者致以最热烈的欢迎。你们的到来，不仅为这片土地带来了活力与希望，更是对我们发展潜力的充分认可和信赖。今晚，我们在此相聚，不仅是为了庆祝过往的成就，更是为了携手共创更加辉煌的未来。

（2）×××市拥有得天独厚的地理位置、丰富的自然资源、完善的基础设施以及充满活力的市场环境。我们致力于打造一流的投资环境，提供高效便捷的政务服务、公平透明的市场规则和全面周到的企业服务。

（3）×××市是投资热土，是创业乐园。我相信，你们超前的眼光，睿智的判断，一定会得到可喜的回报。对此，我们满怀信心，共同期待！

公益晚宴
——共创美好未来

在公益晚宴上，大家如何说祝酒词，既能体现对公益事业的热情和支持，又能营造温馨和谐的氛围，鼓励大家继续为公益事业贡献力量呢？

主办方：

在此，我要特别向那些为公益事业默默奉献的贡献者们致以最崇高的敬意。无论是慷慨解囊的企业家，还是无私奉献的志愿者；无论是默默无闻的捐赠者，还是积极参与活动的普通市民，你们都是公益事业的坚实后盾。正是因为有了你们的支持与付出，公益事业才得以蓬勃发展，社会才能更加和谐美好。

捐助人：

今晚，我们聚集在这里，是为了传递爱心，共筑公益梦想。我们深知，每一份微小的力量都能汇聚成海，为需要帮助的人带去温暖与希望。借此机会呼吁社会各界继续关注和支持公益事业。

志愿者：

在过去的一年里，我们的志愿活动不仅帮助了许多需要帮助的人，也让我们自己收获了成长与感动。看着受助者脸上的笑容，我们深感所有的付出都是值得的。

酒桌宝典

公益晚宴祝酒词需包含的要点：

① 主办方向来宾表达问候和感谢。

② 捐助人呼吁更多的人参与到公益事业中。

③ 志愿者回顾自己践行公益精神的经历。

④ 主办方对参与公益事业的各界人士致以崇高的敬意。

妙语佳句

（1）主办方代表：请允许我向远道而来的各位嘉宾表示热烈的欢迎和衷心的感谢。您的到来，不仅是对我们工作的最大支持，更是对公益事业的一份深情厚谊。同时，也要感谢所有为本次晚宴付出辛勤努力的工作人员和志愿者们，是你们的默默奉献，让今晚的一切成为可能。

（2）捐助人代表：在过去的一年里，我们见证了孩子们因获得资助而绽放的笑容，看到了受助者感激的泪水，感受到了社区因我们的努力而变得更加和谐与美好。这些成果，不仅是我们共同奋斗的见证，更是我们对未来公益事业坚定信心的源泉。

（3）志愿者代表：我衷心祝愿在座的每一位嘉宾身体健康、事业有成、家庭幸福。愿我们的公益之路越走越宽广，愿我们的爱心之火永远燃烧不息。

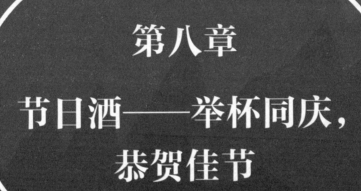

第八章

节日酒——举杯同庆，恭贺佳节

元旦

——不觉年末至，只愿尘世皆安

元旦晚宴上，大家如何致词，既能彰显新年的希望与活力，又能触动每位听众的心弦，共同迎接充满希望的新一年呢？

身临其境

来宾1：

元旦佳节至，新春启新程。这杯酒，不仅是对过去的致敬，更是对未来的期许，它承载着我们对新一年的所有美好愿景。

来宾2：

让我们举杯，为那些即将被我们征服的挑战，为那些等待我们探索的未知，为那份永不熄灭的创新之火，更为我们每个人心中那份对美好生活的无限向往，干杯！

来宾3：

过去的一年里，大家或许经历了挑战与挫折，但每一次的坚持与努力都让我们感到无比的骄傲。新的一年，希望大家能够继续保持那份纯真与善良，勇敢地去追求自己的梦想。

酒桌宝典

元旦祝酒词需包含的要点：

①回顾过去一年的收获与美好。

②对在过去一年中给予帮助、支持或鼓励的个人表达感谢。

③满怀希望地描绘未来一年的愿景。

④用积极的话语激励人心，强调乐观、坚韧不拔的精神。

⑤以深情的话语向所有人致以最真挚的新年祝福。

妙语佳句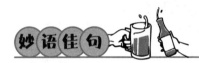

（1）让我们举杯，为过去一年的辛勤与成就喝彩，为新的一年里我们的梦想与希望加油。愿这杯酒，能温暖我们的心房，激发我们的斗志，让我们在新的一年里，无论遇到什么困难和挑战，都能保持乐观的心态，勇往直前。

（2）无论未来的路有多么崎岖，家永远是你们最坚强的后盾。我们会在你们需要的时候给予你们最无私的支持与鼓励。让我们共同举杯，祝愿新的一年里，大家都能心想事成，万事胜意，幸福美满。

（3）新的一年，我们会更加努力学习与工作，用实际行动去回报你们的爱与期望。同时，我们也希望你们能够保重身体，享受生活的美好。

小年家宴
——酒味四溢香，幸福随处跑

小年家宴上，各位发言人怎么说，既能表达出对家人深深的爱意，又能增添温馨而欢乐的节日氛围呢？

身临其境

长辈：

腊月二十三（二十四），福满小年间。今夜，我们聚在一起，分享这一年的喜悦与收获。愿新的一年，我们的家庭更加和睦，大家身体健康，事业有成，生活幸福美满。

晚辈：

各位亲人，今天是小年，也是我们家庭团聚的好日子。我想借此机会，向一直以来给予我们无尽关爱和支持的父母表示最深的感谢。是你们的辛勤养育，让我们茁壮成长。新的一年，我们会更加努力，不辜负你们的期望。干杯！

兄弟姐妹：

小年到，喝酒庆，祝大家好运连连。不愁没钱，身体倍儿棒，幸福如意，吉祥如意，一切顺心如意！新的一年，愿我们的兄弟姐妹情谊更加深厚，愿我们的家庭更加和谐美满。

酒桌宝典

小年家宴祝酒词需包含的要点：

①向家中的每一位成员表达最深的感激。

②感谢父母的养育之恩。

③祝愿家庭和睦，平安顺遂。

④祝愿彼此情谊永远深厚。

妙语佳句

（1）小年，不仅是春节的前奏，更是对我们日常生活的一次温柔提醒——珍惜每一次相聚，感恩每一份陪伴。在这一年里，或许我们经历了风雨，或许我们收获了喜悦，但最重要的是，我们始终有家人的支持与鼓励，让每一步都走得坚定而温暖。

（2）在这个温馨团聚的小年夜晚，我们共享着难得的天伦之乐。身为家中长辈，目睹儿孙们健康成长，事业蒸蒸日上，家庭和谐美满，我的内心既欣慰，又骄傲。

（3）岁月沏一杯酒，祝愿你冬日里一片温暖，新年里一片繁华。愿我们的家庭，在未来的日子里，无论遇到何种挑战，只要我们心心相连，就没有克服不了的困难。

除夕

——辞旧迎新，万事胜意

场景再现

除夕家庭团聚或朋友聚会时，如何说祝酒词，才能表达深深的祝福和团聚的喜悦呢？

身临其境

家人1：

鞭炮送走烦恼，美酒碰出欢笑，除夕共聚迎新春，吉祥满门绕。在这里，我祝愿大家在新的一年里身体健康、事业有成、家庭和睦、幸福安康！让我们举杯同庆，共度这美好的夜晚！

家人2：

在这美好的时刻，我要用一句对联来表达我的祝福："一帆风顺年年好，万事如意步步高"。同时，我也祝愿大家在新的一年里事业有成、家庭幸福！让我们举杯同庆，共同迎接这充满希望的新年！

酒桌宝典

除夕亲友聚会祝酒词需包含的要点：

① 表达团聚的喜悦和感激之情。

② 祝福家人健康幸福。

③ 表达对未来的希望和期待。

④ 强调家庭和睦的重要性。

⑤ 融入传统文化元素，增添节日氛围。

（1）让我们举杯同庆，为过去一年的辛勤付出和收获干杯！愿这杯酒，不仅温暖我们的心田，更能照亮我们前行的道路。新的一年，愿我们携手并进，共创辉煌。祝愿大家在新的一年里，身体健康，事业有成，家庭幸福，万事如意。

（2）除夕之夜聚一堂，欢声笑语暖心房。举杯共饮迎新岁，幸福安康万年长。岁月如歌情更浓，家人团聚乐无疆。愿君岁岁皆如意，福禄双全喜洋洋。干杯！

（3）金杯银盏映红灯，除夕团圆乐融融。那就让我们用这杯酒，来铭记过去一年的点点滴滴，同时展望未来，迎接新的挑战和机遇。干杯，共祝新年旺！

春节
——新春佳节，举杯同庆

春节相聚时刻，大家如何说祝酒词，既能表达深情厚意，又能增添浓厚的节日氛围呢？

亲友1：

春节到，喜气来，祝你岁岁皆欢愉，万事皆可期。在这辞旧迎新的璀璨时刻，我们围炉而坐，共饮美酒，心中满是感激与喜悦。今晚，每一滴酒都蕴含着家的温暖，每一句话都满载着对未来的期许，让我们举杯，为这份难得的团圆干杯！

亲友2：

亲爱的各位家人，愿我们的家庭在新的一年里更加和睦，愿每一位亲人身体健康，笑口常开，事业有成，幸福满满！

亲友3：

在这个辞旧迎新的美好时刻，我满怀敬意与温情，向亲爱的家人致以最诚挚的新年祝福：祝大家新年吉祥、福寿安康！

酒桌宝典

春节祝酒词需包含的要点：

① 向在座的每一位致以最诚挚的新春祝福。

② 简要回顾过去一年的经历，强调共同的成长与收获。

③ 对家人和朋友的陪伴与支持表示特别的感谢。

④ 表达对新年的美好期望。

⑤ 用积极的话语激励人心。

妙语佳句

（1）亲爱的家人，朋友们，此刻的我们，被温馨与幸福紧紧包围。春节，是时间的礼物，它让我们有机会停下脚步，细细品味生活的甘甜。让我们举杯，为这难得的宁静与美好干杯！愿接下来的日子，岁月静好，现世安稳！

（2）新的一年，我们满怀期待。愿我们的家庭更加和谐美满，愿我们的工作与生活都能顺心如意。

（3）在这个充满希望的春节，我们不仅要庆祝新的一年的到来，更要感谢过去一年中，每一位陪伴在我们身边的人。是你们的支持，让我们在困难面前不曾退缩；是你们的笑容，让我们的生活更加灿烂。让我们举杯，为这份珍贵的陪伴干杯！愿未来的日子里，我们依然能够携手前行，共同书写更多美好的故事。

元宵节
——元宵元宵，烦恼全消

场 景 再 现

在元宵节的团圆家宴上，亲友应该如何致词，才能营造出浓厚的节日氛围，让大家深切感受到家庭的温馨与和睦呢？

身 临 其 境

亲友1：

元宵佳节庆，汤圆情意浓。在这个灯火阑珊、月满人团圆的美好夜晚，让我们举杯同庆。愿这杯酒，如同我们心中的那份温暖，穿越千山万水，连接每一个在外漂泊的心，让我们虽身处远方，心却紧紧相依。干杯，为了家的温暖，为了每一次的重逢与团圆！

亲友2：

元宵佳节，月圆人更圆，每一盏灯火都照亮着未来的路。在这充满希望的时刻，让我们共同举杯，不仅庆祝今日的欢聚，更期待明天的美好。愿这杯酒，成为我们新一年梦想的启航，无论遇到多少风雨，都能勇往直前，心怀希望，收获满满。干杯！

亲友3：

愿这轮明月照亮我们的心房，让爱与和谐永远伴随我们的家庭。愿新的一年里，我们的家，无论经历多少风雨，都能像这桌上的汤圆一样，团团圆圆，甜甜蜜蜜。

酒桌宝典

元宵祝酒词需包含的要点：

① 向在座的家人表达欢迎和感谢。

② 用富有诗意或温馨的话语表达对家人节日的祝福。

③ 祝愿家人身体健康，生活幸福美满。

④ 表达对家庭、事业、学业等方面的美好愿望。

⑤ 邀请全家人一起分享这份喜悦与祝福。

妙语佳句

（1）一缕情思缠绕心间，一棵红豆寄托深情，一勺蜜糖融入祝福。元宵佳节之时，我愿借玉兔之手，为大家送上我精心特制的元宵，愿它带给你们无尽的甜蜜与喜悦。

（2）今晚，愿这轮皎洁的明月，不仅照亮我们的餐桌，更照亮我们彼此的心田。愿它带去我最真挚的祝福，祝愿在座的每一位，身体健康，心情愉悦，生活如这元宵般甜蜜圆满。

（3）元宵，是团圆的象征，也是我们情感的纽带。在过去的一年里，无论我们身在何方，心中的那份牵挂与思念始终未变。让我们珍惜这一刻的相聚，也期待未来能有更多这样的美好时光。

妇女节

——愿你铮铮，热烈昂扬

妇女节来临之际，大家如何说祝酒词，既能庆祝女性的成就、表彰女性贡献，又能传递尊重与爱意呢？

身 临 其 境

发言人1：

女性是世界的半边天，更是我们公司不可或缺的重要力量。你们的智慧、勇气和毅力，不仅激励着身边的每一个人，更为公司的发展注入了源源不断的活力。

发言人2：

在这个属于所有女性的节日里，我谨代表大家，向在座的每一位女性致以最诚挚的节日问候。你们是家庭的支柱，社会的栋梁，我们为你们而骄傲。

发言人3：

你们用智慧点亮了生活的每一个角落，用勇气面对挑战，用美丽装点世界，用坚韧书写传奇。你们是母亲、妻子、女儿，更是职场上的精英，社会中的先锋。我们为你们的成就而欢呼，为你们的贡献而感激。

酒桌宝典

妇女节祝酒词需包含的要点：

① 强调对女性的尊重与敬意。

② 强调女性在社会、家庭以及公司中的重要角色和贡献。

③ 表彰公司内女性员工的成就和贡献。

④ 表达对每位女性员工个人成长、幸福生活的关心和祝福。

⑤ 对公司及女性员工的未来发展表达积极的展望。

妙语佳句

（1）作为女性，我们共同经历了许多挑战与喜悦。我们深知，每一个成功背后都隐藏着无数的汗水与泪水。但正是这些经历，让我们更加坚强、更加自信。在这个特别的日子里，我祝愿你们在未来的日子里，能够继续绽放自己的光彩，成为更加优秀的自己。

（2）此时，让我们斟满手中的酒杯，为我们公司所有女孩的美丽与幸福，干杯！祝愿所有女同胞节日快乐，生活幸福！

（3）让我们共同举杯，为所有女性的智慧、勇气、美丽和坚韧而干杯！为我们的友谊、团结和共同庆祝而干杯！愿我们携手共进，共创更加美好的未来！

清明节祭祖
——霏霏细雨，点点愁丝

场景再现

清明节祭祖，大家如何说祝酒词，既能缅怀先人，又能促进家族成员的凝聚力和认同感呢？

身临其境

家族代表：

一年一度春风柔，又是草长莺飞时。值此清明节之际，我们家族成员齐聚一堂，隆重祭奠我们尊敬的祖先，联络今人的亲情友情，共谋家族发展大业。我们感到无比自豪和荣幸。

物有报本之心，人有思祖之情。今日，我们心怀至诚，缅怀先祖的英明与德行，感激他们留给我们的宝贵教诲与精神财富。祭祖的意义，一则祭大地，感恩天地赋予我们生命与滋养；二则祭祖先，铭记先辈的养育之恩与庇佑之情。

在此，让我们共同举起酒杯，为家族的美好明天，为先辈的荣光，为在座每一位家族成员的幸福与安康，干杯！

酒桌宝典

清明节祭祖祝酒词需包含的要点：

① 表达对祖先的崇敬与怀念。

② 深情回顾祖先的生平事迹、贡献及教诲。

③ 表达对家族未来繁荣兴旺的美好愿望。

④ 强调继承祖先优良传统和美德的重要性。

⑤ 邀请全体家族成员共同庆祝这个纪念先祖、团聚一堂的日子。

妙语佳句

（1）树高千丈必有根，江流万里必有源。今天，我们聚在宗祠前，隆重祭奠我们的祖先，共同缅怀已故祖宗的丰功伟业！

（2）斯人已乘黄鹤去，辉煌前程待后人。今天站在这里的我辈后人，当弘扬先祖美德，积极促进和加深宗族情谊，当以全族利益为重，不分南北，不分支系，明礼诚信，精诚团结，互通有无，互帮互助，共谋发展！

（3）今天，我们手捧鲜花，心怀哀思。愿逝去的亲人在天堂安息，愿他们的灵魂得到永恒的平静。同时，我们也祝愿在座的每一位亲人，都能够珍惜眼前人，珍惜每一份情谊，让爱与关怀永远在我们心中传递。

劳动节
——愿你收获成果，感受喜悦

在劳动节宴会上，各位发言人应如何巧妙构思致词，既能充分彰显劳动者的荣耀与贡献，又能有效激发在座各位向劳动模范学习的热情与动力呢？

发言人1：

忙而有度，闲而有趣，劳逸结合最相宜。在这属于劳动者的节日里，我们不仅要庆祝劳动的成果，更要颂扬劳动的精神——那种勤勉敬业、勇于担当、无私奉献的崇高品质。

发言人2：

让我们继续发扬劳模精神、工匠精神，以更加饱满的热情、更加昂扬的斗志，投入到每一天的工作中。不论身处何种岗位，都要保持对工作的敬畏之心，对技能的精进之志，用我们的双手和智慧，为企业的发展贡献力量，为社会的进步添砖加瓦。

酒桌宝典

劳动节祝酒词需包含的要点：

① 向所有在座的劳动者致以崇高的敬意和感激之情。

② 赞美劳动者的辛勤付出和贡献。

③ 对劳动者及其家人表达美好的祝愿。

妙语佳句

（1）我们深知，每一份成就的背后，都凝聚着无数次的尝试与失败，每一次的成功，都是对自我的超越与挑战。正是这份对工作的热爱与执着，让我们在平凡的岗位上创造了不平凡的业绩。

（2）让我们举杯共庆，为劳动节的到来干杯！为每一位劳动者的辛勤付出干杯！更为我们共同的美好未来干杯！

（3）劳动赋予我们一切，只有辛勤耕耘，方能收获满满回报！让我们一起庆祝劳动节，愿快乐与汗水同在！

青年节

——不负韶华，勇往直前

场景再现

在青年节宴会上，如何说祝酒词，既能振奋人心、感染大家，又能更有效地激励广大青年群体呢？

身临其境

发言人：

青春，是生命中最宝贵的时光，它如同初升的太阳，充满了无限的可能与希望。在青春的岁月里，我们敢于梦想，勇于追求，用我们的热情和智慧，书写着属于自己的精彩篇章。我们深知，青春不是用来挥霍的，而是用来奋斗的。只有经过不懈的努力和拼搏，我们才能收获成长的果实，实现人生的价值。

作为新时代的青年，我们肩负着历史的使命和时代的重任。我们要继承和发扬五四精神，勇于担当，敢于创新，用我们的智慧和力量，为祖国的繁荣富强贡献自己的青春力量。

祝愿每一位青年朋友节日快乐，青春永驻，梦想成真！让我们共同举杯，为青春干杯，为未来加油！

酒桌宝典

青年节祝酒词需包含的要点：

① 对所有参与青年节庆祝活动的朋友表示感谢。

② 鼓励大家珍惜这段宝贵时光，勇敢追梦。

③ 明确指出当代青年所面临的时代挑战与责任。

④ 表达对未来充满信心的态度。

⑤ 提议大家举杯，为青春、为梦想、为未来干杯。

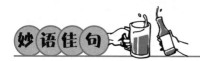

（1）让我们珍惜这段宝贵的青春时光，不断学习，不断进步，不断提升自己的能力和素质。让我们携手并进，共同创造更加美好的未来，让我们的青春在奋斗中绽放光彩！

（2）今天，我们站在新时代的潮头，肩负着历史的使命和时代的重任。作为青年一代，我们要有远大的理想和坚定的信念，勇于担当，敢于创新，用我们的智慧和力量，为祖国的繁荣富强贡献自己的青春力量。

（3）让我们共同举杯，祝愿每一位青年朋友：

愿你们的青春如火焰般炽热，照亮前行的道路。

愿你们的梦想如星辰般璀璨，引领未来的方向。

愿你们的人生如诗篇般优美，充满无尽的精彩与可能。

端午节

——一年一端午，一岁一安康

端午节上，各位发言人怎么说，既能传达节日的祝福，又能彰显文化底蕴，同时激发大家的情感共鸣呢？

身临其境

发言人1：

抿一口雄黄酒，幸福日子天天有；尝一尝甜粽香，吉祥如意伴身旁。此情此景，温馨而美好。为庆祝端午，干杯！

发言人2：

在这个特别的日子里，让我们共同举杯，为这份难得的相聚，为这份深厚的亲情，为这份传承千年的文化，献上我们最真挚的祝福。

发言人3：

愿这杯中的美酒，能像艾叶一样，带给我们清新的气息和无尽的活力；愿这桌上的佳肴，能像粽子一样，包裹着生活的甜蜜和幸福；愿我们的家庭，能像龙舟一样，团结一心，勇往直前，共同迎接生活中的每一个挑战。最后，祝愿大家端午安康，幸福绵长！干杯！

酒桌宝典

端午节祝酒词需包含的要点：

① 简短介绍端午节的历史背景和文化意义，营造节日氛围。

② 表达对当前家庭团聚时刻的珍惜和喜悦。

③ 向人们表达美好的祝福，如健康、幸福、事业有成等。

④ 强调端午节传统文化的重要性。

⑤ 邀请全体家人共同庆祝这个特殊的节日。

妙语佳句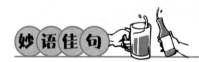

（1）五月莺歌燕舞间，粽香四溢满人间。愿君"端"来无尽喜，"端"来好运连，"端"来身康健，"端"来财源宽，端午安康乐无边！

（2）端午佳节至，艾草挂门前。驱邪保平安，岁岁皆如愿。粽香飘四溢，笑语盈庭间。共饮团圆酒，幸福满人间。

（3）杨梅红、杏儿黄、五月初五是端阳；粽叶香、包五粮、剥个粽子裹上糖；艾草芳、龙舟忙，竞渡江上喜洋洋；糯米软、蜜枣甜，传统佳节共欢畅；祈平安、祝健康，幸福生活万年长。

建军节

——何其有幸，生于华夏

在建军节这一庄严而荣耀的时刻，如何说祝酒词，既能彰显军人的风采与荣耀，又能激发听众的爱国热情与共鸣呢？

军人代表：

何其有幸，生于华夏，与亿万同胞共筑中国梦，同享盛世繁华。建军节不仅仅是一个节日，它更是对我们军人忠诚与奉献精神的颂扬。今天，我们在这里举杯同庆，不仅是为了庆祝这个节日，更是为了向那些默默守护国家安全和人民安宁的军人们致以最崇高的敬意。

在此，我要向所有的战友们说一声：你们辛苦了！感谢你们为国家和人民所做的一切贡献。让我们共同举杯，为建军节干杯！为我们的祖国干杯！为我们的军队干杯！为我们的战友干杯！

酒桌宝典

建军节祝酒词需包含的要点：

①表达对军人的节日祝贺和崇高敬意。

②强调军人在保卫国家、维护社会稳定、促进经济发展等方面做出的巨大贡献。

③表达对军队建设的持续支持，并祝愿军队不断发展壮大。

④表达对军人及其家属的诚挚慰问和关心。

妙语佳句

（1）值此八一建军节之际，我们相聚在这里，这是联结友谊、绽放激情的一次盛会，今晚星光灿烂；今晚灯火通明；今晚我们将更加难忘。

（2）愿我们真诚的笑容和美丽的祝福溢满这承载着友谊的酒杯，为快乐而高歌，为胜利而起舞，请端起手中的酒杯，让我们为青春的飞扬而干杯，为团结的力量而干杯，为美好的明天——干杯！

（3）让我们共同举杯，祝愿我们的军队在新的历史起点上再创辉煌，祝愿我们的国家在实现民族复兴的道路上更加坚定有力！愿我们的战友们永葆初心使命，为祖国的繁荣富强和人民的幸福安康不懈奋斗！干杯！

中秋节
——天上月圆，人间团圆

场景再现

中秋节聚会上，各位发言人怎么说，既能表达中秋祝愿，又能营造欢乐祥和、团圆美满的氛围呢？

身临其境

发言人1：

华枝春满，天心月圆。又是一年中秋至，明月共此时。今晚，我们齐聚一堂，举杯邀明月，对影成三人，共赏这轮跨越千年的皎洁之光。在这团圆佳节，愿温馨与幸福如满月般盈满每个家庭，愿思念与祝福随清风传递至远方的亲人。

发言人2：

中秋之夜，月光皎洁，它象征着团圆和美满。在这个特别的日子里，希望大家能够珍惜我们团队之间的这份情谊，相互支持，携手共进，共同迎接更加美好的未来。干杯！

发言人3：

中秋，是家的味道，是情的牵绊。在这个特别的日子里，让我们暂时放下工作的繁忙，享受这份难得的宁静与团聚。愿这轮明月带去我们对远方亲人的思念，也照亮我们前行的道路，让我们带着家人的祝福，继续乘风破浪。

酒桌宝典

中秋节祝酒词需包含的要点：

① 向大家致以中秋佳节的诚挚问候。

② 赞美过去一年的辛勤付出和丰硕的收获。

③ 祝愿大家度过一个愉快、难忘的中秋之夜。

妙语佳句

（1）人逢喜事精神爽，月到中秋分外圆。愿大家中秋佳节幸福美满，月圆之夜事业家庭皆圆满，前程似锦，梦想成真！

（2）今晚，让我们以酒为媒，传递祝福，共享欢乐。

此刻，我们仰望明月，心中充满了对美好生活的向往和对亲人的深深思念。让我们珍惜这份难得的相聚，共同品味这美好的时光。

（3）中秋佳节，银辉洒满人间，我们齐聚一堂，共赏明月，同庆团圆。此刻，我心潮澎湃，满怀感激之情，向在座的每一位领导、同事，致以最真挚的节日祝福！

教师节
——桃李年年，芬芳满园

场景再现

教师节聚会上，各位发言人怎么说，既能更贴切地表达对老师们的敬意与感激，又能鼓舞人心、传递正能量呢？

身临其境

领导：

岁月如歌，师恩难忘。在人生的旅途中，是老师们用知识的光芒照亮了我们前行的道路。今天，我们举杯共祝，愿你们的生活充满阳光和欢笑。

嘉宾：

尊敬的老师们，值此教师节之际，我们欢聚一堂，共同庆祝这个属于你们的节日，祝你们教师节快乐！愿你们的生活充满阳光和欢笑，愿你们的职业生涯更加辉煌灿烂，愿你们的辛勤付出得到应有的回报。

学生：

愿每一位敬爱的老师身体健康，万事顺遂如意，继续以智慧和热情，引领我们走向更加光明、充满希望的未来！

酒桌宝典

教师节祝酒词需包含的要点：

① 向老师们送上节日祝福。

② 强调老师们的辛勤付出和无私奉献，表达对老师们的深深敬意。

③ 提及老师们的专业精神、高尚品德或对学生的积极影响。

④ 对老师们的未来生活和工作表达美好的祝愿和期望。

（1）教诲如春风，师恩似海深。举杯同庆贺，恩情永记心。愿这杯美酒，化作我们对你们的无尽感激和深深祝福。

（2）岁月悠悠，师恩难忘。今天，我们满怀感激之情，向老师们敬上一杯美酒，祝愿你们桃李满天下，春晖遍四方。

（3）您是我们心中的灯塔，用知识的光芒照亮我们前行的道路；您是我们灵魂的工程师，用智慧的钥匙开启我们心灵的大门；您是我们成长的引路人，用无私的爱心陪伴我们度过每一个重要的时刻。

老师，你们辛苦了！这杯酒，敬你们的辛勤和付出！

国庆节
——祖国华诞，普天同庆

国庆节宴会上，聚会组织者如何致词，既能充分彰显出这个举国同庆节日的热烈气氛，又能有效地激发起大家的爱国情怀呢？

身临其境

聚会组织者：

山河壮丽，岁月峥嵘；江山不老，祖国常春。国庆节，是祖国的华诞，更是民族的骄傲。回首过去，我们见证了祖国从站起来、富起来到强起来的伟大飞跃。每一项成就，都凝聚着无数先辈的辛勤付出和无私奉献。今天，我们站在新的历史起点上，继续为实现中华民族伟大复兴的中国梦而努力奋斗。

让我们共同举杯，为祖国母亲的生日干杯！祝愿我们的祖国更加繁荣昌盛，人民的生活更加美好幸福！愿这杯美酒，承载着我们对祖国的热爱和对未来的憧憬，化作我们前行的动力，让我们携手并进，共同创造更加辉煌灿烂的明天！

酒桌宝典

国庆节祝酒词需包含的要点：

① 向在座的每一位宾客表示节日的问候。

② 向为国家发展做出贡献的所有人表示敬意和感谢。

③ 通过深情的话语激发大家的爱国情怀。

⑤ 邀请大家举杯，为祖国庆生。

妙语佳句

（1）每一面国旗，都承载着我们对祖国的深情厚谊；每一杯酒，都饱含着我们对祖国的无限热爱。

（2）感恩祖国，给予我们和平与繁荣。在这个国庆佳节，让我们共同祝愿祖国母亲永远强盛。

（3）在这个充满喜悦和自豪的时刻，我们齐聚一堂，共同庆祝我们伟大的祖国的生日。现在，让我们共同举杯，为祖国母亲的生日献上最热烈的祝福！愿祖国永远繁荣昌盛，愿人民永远幸福安康！

重阳节
——九九重阳，福寿安康

重阳节宴会上，晚辈如何说，既能传达出对长辈的尊敬与关爱，又能营造出温馨和谐的节日氛围，让每位参与者都感受到浓浓的亲情呢？

晚辈 1：

重阳节至，登高望远，别忘了喝一杯菊花酒，驱赶忧愁，带来好运。

晚辈 2：

在这个特别的日子里，我想对在座的每一位长辈说：感谢你们的辛勤付出和无私奉献，是你们用智慧和汗水为我们这个家奠定了坚实的基础。请允许我们举杯，向你们的养育之恩致以最崇高的敬意！

晚辈 3：

在此佳节之际，让我们共举此杯，祝愿大家健康长寿，幸福绵长！愿我们之间的亲情纽带永远牢固，让我们的家充满爱与温暖。

重阳节快乐！干杯！

酒桌宝典

重阳节祝酒词需包含的要点：

① 对长辈表达节日的问候。

② 表达对长辈的尊敬和感激之情。

③ 祝愿长辈及所有在座的人的健康长寿。

④ 祝愿家人之间关系融洽，相互扶持。

⑤ 鼓励大家共同努力，创造更加幸福的明天。

妙语佳句

（1）秋风送爽，丹桂飘香，九九重阳，愿大家登高望远，步步高升，家庭和睦，事业有成！

（2）在这个特别的日子里，我们更要铭记尊老敬老的传统美德，祝愿家中的长辈们身体健康，心情愉悦，幸福常伴！

（3）一派金秋迷人景，秋风携来重阳节。黄昏提壶东篱下，把盏黄花赏，美酒溢流香。一片茱萸遥寄相思，一份糕点抒发情意。在这重阳佳节里，愿我们欢聚一堂，共享天伦之乐，让欢声笑语流淌在每个人的心间，共度这温馨而美好的时光。

愿我们的家永远充满爱与温暖，愿每一位家人都健康平安，快乐幸福。重阳节快乐，干杯！

附录

酒韵传情，辞章永耀

共话祝酒词之发端

中国的酒文化历经数千年而不衰，主要是因为其在日常生活中所承载的深远寓意，人们习惯将酒作为"久""有""寿"等美好寓意的象征。

在各类宴会中，酒往往成为最具象征性的元素。但有时候，它也会被当成权谋斗争的利器，比如暗中以鸩酒为手段，企图置人于死地。因此，祝酒词不再仅仅是表达庆祝和感激之情，它还关乎着个人生死的重大意义，每一次祝酒之前都需深思熟虑，以避免陷入不测之境。

魏晋南北朝时期，饮酒之风尤为盛行。文人墨客们更是将诗与酒紧密相连，诗酒相伴成为了他们生活的一部分。他们通过诗歌抒发情感，借酒表达心志，将诗酒联姻的艺术推向了极致。比如曹操的《短歌行》中所体现出的豪迈与感慨，那种借酒抒怀的情感仍被后世所传颂。这些嗜酒的文人墨客在当时产生了巨大的影响，他们的诗歌和饮酒习惯成为了人们竞相模仿的对象。无论是上层贵族还是普通百姓，都将饮酒作诗视为一种生活的乐趣，一种表达敬意和友谊的方式。正是这种诗与酒的巧妙结合，为后世的文化发展奠定了基础，催生了盛唐的诗酒风流，也孕育了各种形式的祝酒词。

唐朝，一个文化璀璨的时代，酒文化也在这个时期达到了一个新的高度。饮酒不仅仅是为了满足生理的需求，更是为了展现一种文雅的生活方式。无论是达官显贵还是平民百姓，在饮酒时都习惯赋诗一首，以诗歌来点缀这美好的时光。经济的繁荣为这种"文雅饮酒"的盛世提供了坚实的物质基础。唐朝的大街小巷，酒楼酒店林立，人们可以在这些地方品尝美酒，欣赏音乐，感受文化的熏陶。这种繁荣的景象正如杜甫的诗句所描绘的那样："盛世繁华满长安，酒旗招展夜未央。"

　　到了宋朝，一种新的文学形式——词，开始兴起，并深刻影响了人们的祝酒方式。在宋朝的酒席上，诗酒相伴的传统虽然依旧，但人们更倾向于即兴赋词、谱曲，以悠扬的曲调吟唱出对友人的深深祝福。此时的酒楼酒店相较于唐朝，更显得普遍而豪华，成为文人墨客交流思想、抒发情感的重要场所。

　　唐诗、宋词作为我国文学史上的两座巍峨高峰，其影响力跨越时空，即便在当代的祝酒场合中，我们依然能感受到那股浓厚的古风气息。人们常常以诗词助兴，为酒宴增添了几分诗意与雅致。

　　到了元明清时期，酒文化更加深入人心，酒俗也愈发讲究，仅仅吟诗赋词已不足以满足人们对酒趣的追求。于是，从元代开始，划拳、行令等娱乐方式逐渐盛行，将酒宴的兴致推向了高潮，为人们带来了更多的欢笑与乐趣。

祝酒词之恒久魅力

"对酒当歌，人生几何？"曹操《短歌行》中的这句豪迈之语，穿越时空的界限，依旧触动着我们的心弦。在历史的长河中，无论是挥毫泼墨的文人雅士，还是指点江山的帝王将相，皆与酒结下了不解之缘。酒，成为了他们抒发情感、寄托志向的媒介，无论身处顺境或逆境，古人总爱以酒为伴，借酒言志，抒怀寄情。

回望历史，古人的祝酒词往往蕴含着深厚的文化底蕴和丰富的情感色彩。李白的"君不见黄河之水天上来，奔流到海不复回。君不见高堂明镜悲白发，朝如青丝暮成雪。人生得意须尽欢，莫使金樽空对月。"以壮阔的自然景象开篇，转而抒发人生短暂的感慨，最终归结于珍惜当下，尽情欢饮的豁达态度。这不仅仅是对友人的祝福，更是对生命意义的深刻思考，让后人在品味中感受到那份超越时代的共鸣。

再如苏轼的"明月几时有？把酒问青天。不知天上宫阙，今夕是何年。"在中秋佳节之际，他以酒寄情，向天上的明月发问，表达了对远方亲人的思念与祝福。这句词不仅描绘了中秋夜的美好景象，更寄托了诗人对团圆和幸福的渴望，让后世读者在佳节之时，亦能感受到那份跨越千年的温情与祝福。

时至今日，祝酒词虽然形式与语言有所变化，但其传递情感、增进友谊的本质却从未改变。在现代社会，人们更加注重个性与创意的表达，祝酒词也因此变得更加丰富多彩。无论是家庭聚会还是商务宴请，一句贴心而富有创意的祝酒词总能在瞬间拉近人与人之间的距离。

例如，祝酒词中的："一杯敬往昔岁月，感恩每一次相遇、相知与相伴的温暖旅程；二杯祈愿未来，满怀憧憬，期待我们并肩同行，共创辉煌篇章；三杯献给悠悠时光，珍惜此刻相聚，共赏岁月静好，让每一刻都成为永恒的记忆。"这段祝酒词不仅表达了对过去的感恩和对未来的期待，也体现了对时间的珍惜和对人际关系的重视。这种文化表达方式，反映了中国人对和谐、团结和持续发展的重视。

"让我们举杯，为这难得的相聚，为未来的无限可能，更为心中那份永不褪色的情谊干杯！"这样的祝酒词简洁明了，既表达了对当前相聚的珍惜，又寄托了对未来的美好祝愿，同时也不忘强调友情的重要性，让人感受到温暖与力量。

"愿你新年胜旧年，今朝胜昨日，时时皆如愿，事事都顺遂"，表达了无论文化背景如何，都希望每个人能在新的一年中取得进步和成功的美好愿望。

古今祝酒词虽风格各异，但它们共同构建了一个情感交流的空间，让不同时代的人们得以在这个空间里找到共鸣。当我们吟咏古人的佳句时，仿佛能穿越时空，与那些伟大的灵魂进行对话；而当我们创造新的祝酒词时，则是在继承与发扬这份文化传统，让它在新的时代背景下焕发出更加耀眼的光芒。

正是这种古今交融的魅力，让祝酒词成为了一种跨越时空的情感纽带。它不仅仅是酒桌上的点缀，更是人们心灵深处那份纯真与美好的体现。在未来的日子里，无论时代如何变迁，祝酒词都将以其独特的魅力继续传承下去，成为连接过去与未来、沟通心灵与情感的永恒桥梁。

现代祝酒词之风采

不管是喜庆活动主办的酒宴，还是公司商务宴请、家庭聚会，几乎都会安排祝酒人在宴席前或宴席间，向出席酒宴的宾客致以口头或书面的祝酒词，以表祝福或致谢之意。

和古代祝酒词相比，现代祝酒词不再讲究对仗工整、押韵，内容更为自由多样。尤其是随着现代人生活节奏的加快，人们希望用简洁、意蕴深刻的祝酒词来准确表达自己的祝福。经典的古诗词、简短的祝福语在现代酒桌上极为盛行，其内容丰富、通俗易懂、随机应变。

现代祝酒词主要有以下特点。

（1）言简意赅：祝酒词应力求言简意赅，别具一格，直击心灵。其精炼之处，恰能凸显其本质魅力，于激情洋溢之际，自然收尾，引人深思，回味无穷。

（2）真情实露：无论是对外交往的庄重场合、商务聚会，还是与友人的小酌时光，祝酒词都应饱含真挚的情感。因为只有真情实意，才能借酒之力，加深宾主之间的情感交流。

（3）语言流畅：流畅的语言能带给人以舒适与愉悦。它不仅是致词人信念与热情的流露，更是个人风采的展现。在这样的语言中，宾客能感受到致词人的坚定与真诚，宴会氛围也因此更加和谐融洽。

（4）幽默风趣：幽默与诙谐，是智慧与修养的结晶。适时的调侃与笑料，如同宴会中的调味剂，能将酒的作用发挥至极致。它们能轻松化解紧张与拘束，让宴会充满欢声笑语，成为宾主尽欢、情谊加深的催化剂。

（5）直截了当：祝酒词应避免冗长与晦涩，力求直击主题，一目了然。明确向谁致意、为何祝福、所愿何如，让宾客一听即懂，无需揣测。这样的直接与明了，不仅能提升宴会的效率与氛围，还能赢得宾客的尊重与好感。

（6）妙语连珠：更高层次的祝酒词，当以连珠妙语为点缀，营造出妙趣横生的效果。这虽然有一定的难度，但可以通过日常积累、思考和练习逐步掌握。如引用名言警句、巧妙结合现场元素、即兴发挥等，都能让祝酒辞更加生动有趣。即便未能达到极致效果，那份创意与用心，也足以赢得在场人的赞叹与敬佩。

现代祝酒词主要由以下内容构成。

（1）标题：通常由致词人、致词场合和文种三部分组成。根据致词人、致词场合、文种情况，标题可简化或改变顺序。书面型标题可以直接写为《祝酒词》等，也可以由致词人姓名、活动名称和文种构成，如《×××在××会上的祝酒词》《×××在××宴会上的讲话》等。

（2）称谓：在任何酒宴场合，不论其性质与氛围如何，正式致祝酒词之前，首要之举乃是清晰而礼貌地向在座宾客宣告这杯酒的致敬对象，这就是祝酒辞的称谓。简而言之，称谓即为祝酒时用以尊称对方的语言表达，它界定了我们举杯祝福的具体对象。鉴于酒宴主题的多样性，称谓对象自然各异，所以需要细致甄别，以确保每一次的祝酒都恰如其分，既体现了对场合的尊重，也彰显了对宾客的诚挚情感。

根据出席酒宴的对象，其称谓可分为敬重性称谓、专指性称谓、泛指性称谓、专指和泛指相结合的称谓。

敬重性称谓，一般多用于比较庄重的场合和身份、地位比较特殊的人物。比如年尊的长者或知名度高的人士，以表示对被祝酒对象的尊敬和礼貌。又比如在寿诞宴会上的称谓："尊敬的×××老先生……"。

专指性称谓，是指被祝酒对象有十分明确的称谓。如："尊敬的×××公司总经理×××先生……"。

泛指性称谓，一般多用于对象广泛、多方宾客出席的喜庆酒宴。如："各位领导、各位来宾、各位朋友、女士们、先生们……"。

专指和泛指相结合的称谓，在称谓中既有具体的祝酒指向，又兼顾出席酒宴的多方宾客。如："尊敬的×××集团×××董事长先生，各位来宾、各位朋友"。这种称谓中的第一、第二称谓是专指性的称谓，后面的则是泛指性称谓。

（3）背景：背景就是在称谓之后另起一行表述的一段话语，这段话可以为后面的主题部分进行铺垫，同时向出席酒宴的宾客简要告知相关情况。

背景部分在祝酒词中是否表述，可以视实际情况而定。背景表述通常由时间、地点、人物、环境、主题意义等方面构成，撰写时可择而用之。

如以节令表述：

在春意融融、生机勃发的美好季节里，我们满怀喜悦与期待，迎来了×××先生与×××女士家庭的新生命诞生。

以天时气候表述：

×××老先生，您的人生就像这多变的天气，经历了风雨也见证了彩虹，但无论外界如何变换，您内心的光芒始终如一，照亮着前行的道路。

直接点明主题意义的表述：

在这个意义非凡的时刻，我们——一群曾经肩并肩、心连心，共同走过1970年军旅生涯的战友，跨越了岁月的长河，迎来了我们离别军营生活42周年的重逢庆典。

介绍人物式的背景表述：

张××先生，是勇气与坚持的化身，他的故事，超越了时间的界限，成为了激励我们不断前行的力量。

（4）正文：祝酒词的正文部分应把致词人要表达的祝福意愿精炼地表述出来。致词人可以根据宴请对象、宴会性质、用简洁的语言概述自己想法、观点、立场和意见，可以追溯以往取得的成绩，也可以展望未来。

比如在探友和商务交往活动中的迎送、答谢、招待宴会上，需要通过这一部分来阐述观点，表明立场和态度；在一些庆典、婚嫁、寿诞等比较隆重、热烈的喜庆场合，美好的祝颂之意要在这部分体现出来，这也是表达祝词人情感的重要部分。

（5）结尾：祝酒词的结尾，是酒宴气氛的高潮，通常包含祝福、祝愿、致谢等方面的内容。多数的表述方式为："为……干杯！""现在，我提议：为……干杯！"或"祝两位新人比翼双飞，早生贵子……干杯！"

巧妙拒酒不失礼

宴会应酬上，大家围坐在一起，三五成群喝点小酒，其实也是一种拉近距离的方式。但总有些时候，我们可能因为身体状况、开车或者其他原因，不能喝酒或者不想喝酒，这时候，如何拒绝别人敬酒就显得尤为重要。

直接拒绝敬酒，可能会无意中伤及对方颜面，甚至影响宴会的氛围；而勉强接受，又可能违背自身意愿或健康考量，陷入两难境地。因此，在拒绝与接受之间寻找一个恰当的平衡点，显得尤为重要。

那么怎么做才能委婉又得体地拒绝喝酒，而又不让场面尴尬，继续维持酒桌的和谐氛围呢？

第一招：委婉巧妙地反驳。

劝酒方：

"大家都喝，你为什么不喝？"

"你不喝，是不是跟大家的感情还不够深，不愿意给我们面子啊？"

拒酒方：

"哈哈，我觉得咱们的感情已经深似海了，不需要再通过酒精来证明了。今晚就让我以茶代酒，陪大家好好聊聊吧！"

第二招：用健康作为挡箭牌。

劝酒方：

"你不喝，是不是看不起我？"

"多喝点，才能让我尽到地主之谊吗。"

拒酒方：

"你的情意我心领了，遗憾的是我最近身体不舒服，痛风严重，需要忌酒，谢谢你的关照。来日方长，等日后再聚，我一定和你一醉方休，好不好？"

第三招：酒浅情深。

劝酒方：

"这杯酒我敬您，谢谢您这么多年的照顾和关爱。"

"这杯酒我敬你，希望我们的友情越来越深厚！"

拒酒方：

"咱们之间的情谊，哪是一杯酒能轻易衡量的？我今天就少喝点儿，把更多的清醒留给咱们接下来的聊天。这样，咱们的情谊不是更深了吗？"

第四招：理解万岁。

劝酒方：

"好不容易聚一起，就喝点吗？"

拒酒方：

"咱们之间是不是真感情？只要有真感情，喝什么都是酒。感情是什么？感情就是理解。理解万岁！今天就让我以茶代酒。"

第五招：最后一杯。

劝酒方：

"再来一杯，不仅仅是为了酒桌上的热闹，更是为了咱们之间初见的缘分。"

拒酒方：

"我确实酒量浅，本来这一杯想留到最后。既然李总如此盛情，那我就提前喝完这最后一杯了！来，让我们共同举杯，庆祝今天的相聚！"

劝酒的艺术

在酒桌文化中，"感情深，一口闷；感情浅，舔一舔"等劝酒词虽朗朗上口，却常带有些许逼迫之意，稍有不慎便可能让气氛尴尬。实际上，劝酒也是一门艺术，巧妙运用，不仅能烘托酒桌上的氛围，更能加深彼此间的情感。

方法一：真诚地赞美对方。

每个人都喜欢听听赞美之词，在酒桌上更是如此。当热闹的氛围遇上真诚的赞美，人的虚荣心会自然膨胀，从而激发出更多的豪情壮志。赞美对方的酒量、成就或特质时，要言之有物，避免空洞。

比如，同事小王考上了研究生，作为领导，你可以这样说："小王，你的努力终于开花结果，真是功夫不负有心人。今晚，我们不仅要为取得的成绩干杯，更要为你的坚持和毅力喝彩！"

这样的赞美，既能体现出对小王的认可，也能让心情极佳的小王没有不喝的道理。

方法二：强调场合的特殊意义。

每个特殊场合都有其独特的意义，这些意义往往能激发人们的情感共鸣。在劝酒时，不妨多强调场合的重要性，让对方感受到这份喜悦与荣耀是共享的。

比如，在家庭聚会或朋友重逢时，可以说："在这特别的日子里，我们能够相聚一堂，实属缘分。让我们用这杯酒，铭记今日的重逢，同时期许未来更多的相聚与欢笑。干杯，为了每一次的相聚！"这样的劝酒词既温馨又充满力量，很容易让对方欣然接受。

方法三：巧妙激将法。

对于一些性格较为内敛或自尊心强的人，适当的激将法往往能收到意想不到的效果。但需注意，激将应适度，不可过分伤害对方的自尊。

比如，在同学聚会上，面对不喝酒的老同学，可以这样激他："老同学，今天大家这么高兴，你却在一旁看着，是不是觉得我们的友谊还不够深？还是说，你担心自己的酒量不如当年了？"这样的言辞，既带有一丝调侃，又激发了对方的斗志，很可能让他为了证明自己而举杯。

方法四：挑错罚酒小妙招。

"罚酒三杯"作为一种传统劝酒方式，关键在于找到合适的"错"来罚。这种罚酒方式不仅能增添酒桌的趣味性，还能让被罚者心甘情愿地接受。但需注意，挑错时应幽默风趣，避免让对方感到难堪。

比如，在婚礼上，对于迟到的宾客，可以幽默地说："作为迟到的小小代价，就请你饮下这三杯喜酒吧！这酒中，不仅蕴含着我们对你的热烈欢迎，更满载着新人对你迟来祝福的深深感激。让我们一同举杯，为这份特别的缘分，为大家的欢声笑语，更为新人幸福美满的未来，干杯！"这样的言辞，既让迟到者感到不好意思，又巧妙地引导了饮酒行为。

方法五：以退为进劝酒法。

面对酒量有限或确实不愿饮酒的人，强行劝酒只会适得其反。此时，不妨采用以退为进的策略，先表达自己的理解和尊重，再提出一个相对容易接受的饮酒方案。

比如，对一位女士说："我知道你可能不太能喝酒，但今晚这么开心，你多少意思一下好吗？这样吧，我喝两杯，你随意抿一口，怎么样？"这样的言辞既体现了你的诚意和尊重，又给对方留下了台阶下，很容易让对方接受。

总之，劝酒是一门艺术，需要我们在尊重对方的基础上，灵活运用各种技巧和言辞来营造和谐愉快的氛围。只有这样，才能真正达到"劝得巧、喝得好"的效果。